目录

享受渐变色的乐趣

1 p.3

3b p.7

2 p.4

4 p.8

3a p.6

5 p.11

清爽靓丽的花朵和菠萝花样

6 p.12

9 p.15

7 p.13

10 p.16

8 p.14

优质棉线钩织的美丽镂空花样

11 p.18

15 p.22

12 p.19

16 p.23

13 p.20

17 p.24

14 p.21

18 p.26

清新自然和休闲轻便

19 p.28

23 p.32

27 p.40

20 p.29

24 p.33

28 p.41

21 p.30

25 p.36

22 p.31

26 p.37

本书用线一览 p.48

享受渐变色的乐趣

夹金银丝线的段染线自然地闪烁着光芒，
非常适合成熟女性。
编织方向、针目密度以及编织花样不同，
呈现的色彩效果也会别有趣味。
赶快动手编织一件吧！

1

设计、制作：Owako Akiyama
用线：Olympus Silk Bijou Scena
编织方法 > **p.49**

在领口中心位置环形起针，按菠萝花样呈半圆状向外钩织。
因此，下摆中间部分稍长，呈现出柔美的曲线。

2

设计：Owako Akiyama
制作：田中静子
用线：Olympus Allure
编织方法 > p.52

将 4 个大花片连接在一起，然后钩长针的方眼针调整成斗篷的形状。
将花片的连接针目穿在前片的正面，也很漂亮哟。

3a

设计、制作：Hiroko Hujiki
用线：Olympus Silk Bijou Scena
编织方法 > p.55

这件套头衫大胆的镂空花样显得非常凉爽。
搭配不同颜色的打底衫，任何季节都能穿，非常实用。

3b

4

设计、制作：Akiko Kusajima
用线：Olympus Silk Bijou Scena
编织方法 > p.58

由长方形花片构成半长的开衫，纽扣的渐变效果非常雅致。
搭配简单的白色服装，更能凸显花片的漂亮。

从初春乍暖还寒时节，到夏天的空调房，这款七分袖开衫都会非常实用。
它是从后身片的中心向左右两边分别进行钩织。

6

设计：志田瞳
制作：田泽育子
用线：Olympus Diva
编织方法 > p.62

清爽靓丽的花朵和菠萝花样

蕾丝般的镂空织片中浮现出花朵和菠萝花样，尽显优雅气质。
由于使用的是粗线，考虑到作品的轻柔效果，编织花样中设计了较多的镂空部分。

这款粉色上衣在下胸线处起针，上、下部分钩织不同的花样。
边缘编织是一朵朵小花，整件上衣给人一种繁花盛开的视觉享受。

将作品 6 的长度缩短，改成了前开襟的款式。
虽然是纯色，但是自然柔和的线材使整件作品看起来非常精致。

8

设计、制作：Yumiko Kawaji
用线：Olympus Diva
编织方法＞ p.76

菠萝花样的黑色套头衫，与同色系打底衫搭配显得非常优雅。
在肩部起针，朝下摆方向直编，无须加、减针。

9

设计：武田敦子
制作：松野香织
用线：Olympus Diva
编织方法 > p.78

这是一款增加长针针数钩织成的 A 字形松紧腰短裙。
打底的及膝衬裙使下摆的镂空看起来很是迷人。

10

设计、制作：岸 睦子
用线：Olympus Emmy Grande
<House>

编织方法 > p.71

从后身片的中心位置呈放射状向外绽放的菠萝花样栩栩如生。
简约风的搭配更适合这款背心，能让人眼前一亮。

优质棉线钩织的
美丽镂空花样

用蕾丝线或偏细的棉线精心钩织的优美花样的上衣。
虽然是全身装束的亮点，对于纤细精致的钩织作品，还是推荐清爽整洁的搭配风格。

11

设计：Hiroko Hujiki
制作：中村妙子
用线：Olympus Emmy Grande
编织方法 > p.81

与菠萝花样并列的镂空花样部分看起来像一个个心形，非常可爱。
这款套头衫很适合用清爽的米白色线钩织。

这款开衫将圆育克进行了活用，微扩的袖口给人柔美的印象。
与叶子组合在一起的菠萝花样非常新颖。

13

设计、制作：Akiko Kusajima
用线：Olympus Emmy Grande <Colorful>
编织方法 > p.88

深袖窿、褶边袖是这款套头衫的亮点。
多色炫彩段染搭配白色打底衫和下装，整体非常清新怡人。

14

设计、制作：秋山志津江
用线：Olympus Cotton Cuore
编织方法 > p.90

这是一款法式袖套头衫，蕾丝般精致的扇形花样非常优美。
搭配一条印花裙，使灰色显得更加雅致。

15

设计：河合真弓
制作：栗原由美
用线：Olympus Emmy Grande
编织方法 > p.96

由锁针和 3 卷长针构成的线描式编织花样非常精美。
分布在下摆和袖口的菠萝花样是这款短上衣的闪光点。

16

设计、制作：岸 睦子
用线：Olympus Emmy Grande
编织方法 > p.93

套头衫的线描式花样类似于刺子绣的麻叶纹，清新淡雅。
像流苏一样摇曳的边缘也透着丝丝凉意。

17

设计：风工房
用线：Olympus 金票40号蕾丝线
编织方法 > p.102

从圆育克向外逐渐展开的菠萝花样非常华丽。
用基础色线精心钩织这款开衫，更能凸显花样的魅力。

18

设计：河合真弓　制作：栗原由美
用线：Olympus 金票40号蕾丝线
编织方法＞ p.108

这是一款衬衫式开衫，小小的盖肩袖有种古典美。
网眼针的镂空感和扇形花样的结合非常完美。

清新自然和休闲轻便

春夏是适合穿针织衫的季节，
让我们穿戴手感舒适、
天然材质的编织物一起出门吧！

19

设计：河合真弓
制作：栗原由美
用线：Olympus
Emmy Grande <Colorful>

编织方法 > p.46

这是一款法式袖开衫，色泽鲜艳的段染色洋溢着夏日的气息。
略显奢华的织物，缝上 3 颗并列的小纽扣，起到点睛之效果。

20

设计：冈本启子　制作：宫本真由美
用线：Olympus Emmy Grande <House>
编织方法 > p.107

1 行长针、1 行短针，交替钩织完成的帽子。
最大的特色是帽身的镂空花样，给人轻快的感觉。

21

设计、制作：青木惠理子
用线：Olympus Chapeautte
编织方法 > p.80

原白色和海军蓝的配色，
加上夏季线材独有的清凉感，
使这款短针钩织的托特包清爽宜人。

22

设计：冈真理子
制作：内海理惠
用线：Olympus Diva
编织方法 > p.99

身片分别从左右两边的肋部起针，横向钩织。
钩锁针在身片中心部分做连接，下摆处的小缺口非常有特色。

23

设计：冈本启子　制作：佐伯寿贺子
用线：Olympus Emmy Grande <House>
编织方法 > p.44

手提包的下半部分是花朵和葡萄的五彩立体花片，可爱极了。
将深棕色的上半部分连接成筒状，再缝上花片即可。

24

设计：Olympus设计室
制作：冈千代子
用线：Olympus Emmy Grande
<House>
编织方法 > p.34

从肩部起针，斜肩和领窝钩方眼针花样，然后钩织菠萝花样。
接下来无须加、减针，这是一款比较容易钩织的套头衫。

24

p.33

材料和工具

用线… Olympus Emmy Grande <House> 鲑鱼粉色（H10）275g/11团

钩针… 4/0号

成品尺寸

胸围96cm、长56.5cm、连肩袖长25cm

编织密度

编织花样B 1个花样 = 8cm、10cm = 14行

编织要领

身片在左侧肩部钩34针锁针起针后断线。重新接线，按编织花样A钩2行后休针。右侧肩部起针后接着钩2行，然后钩78针锁针，与左侧肩部的第2行钩引拔针连接，断线。再在右侧接线，钩2行后断线。左侧用刚才休针的线继续钩织。从编织花样B的第1行开始，左右两侧连起来钩织，钩65行。下摆部分的9行按编织花样B'钩织，注意菠萝花样增加了针数。再钩1片相同的身片。肩部将前后身片正面朝内对齐后钩引拔针和锁针进行连接，胁部钩引拔针和锁针进行缝合。领口和袖口分别挑针后环形钩织边缘。

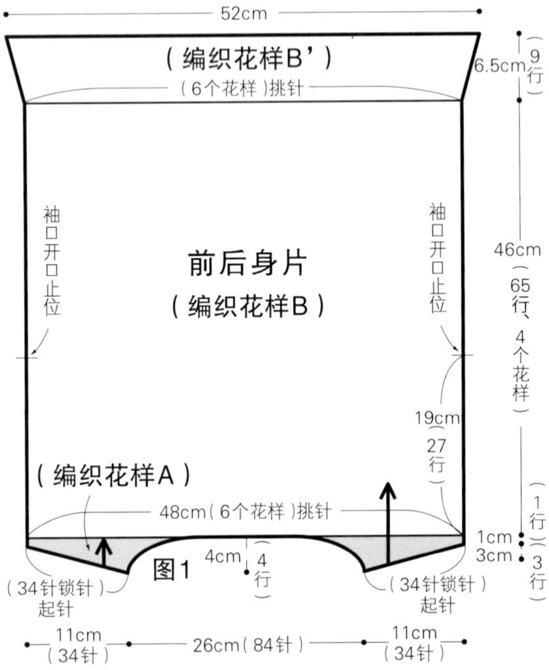

领口、袖口（边缘编织）

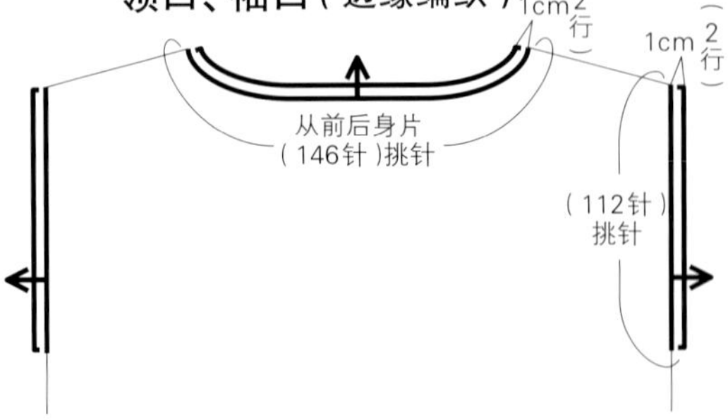

编织花样A

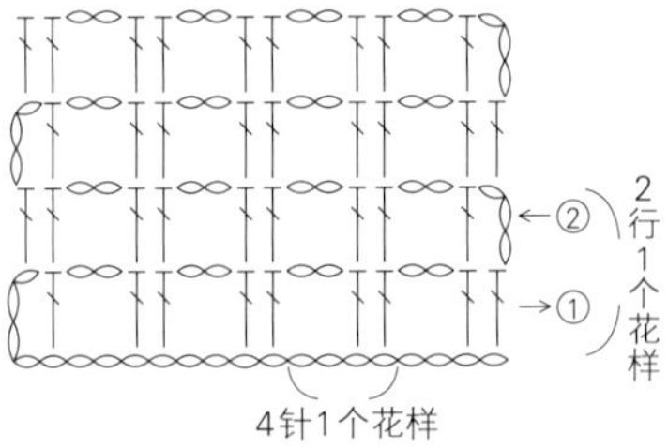

边缘编织

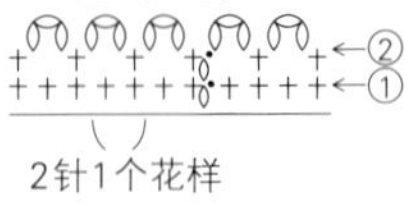

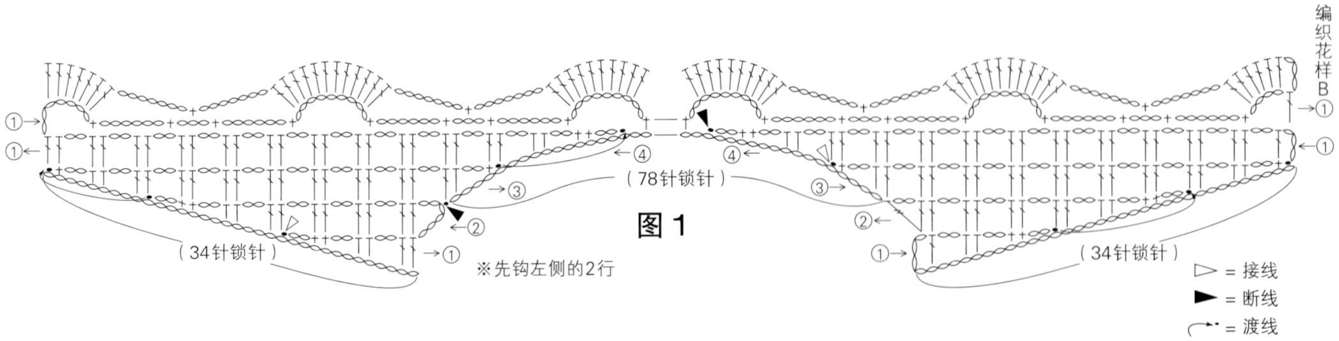

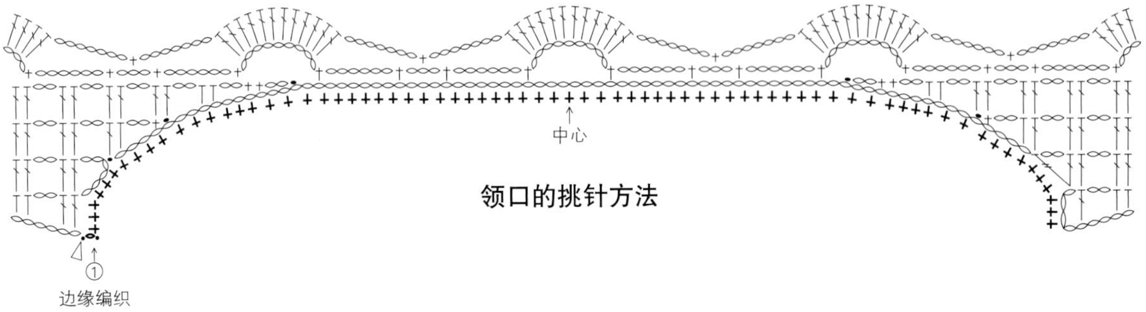

领口的挑针方法

编织花样B'

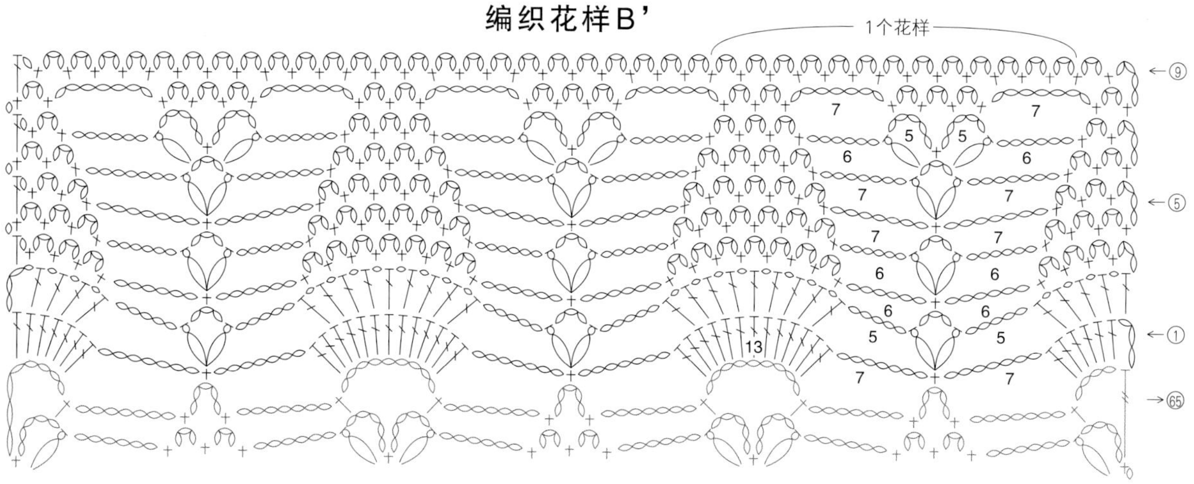

编织花样B

=变化的2针中长针的枣形针

袖口的挑针方法

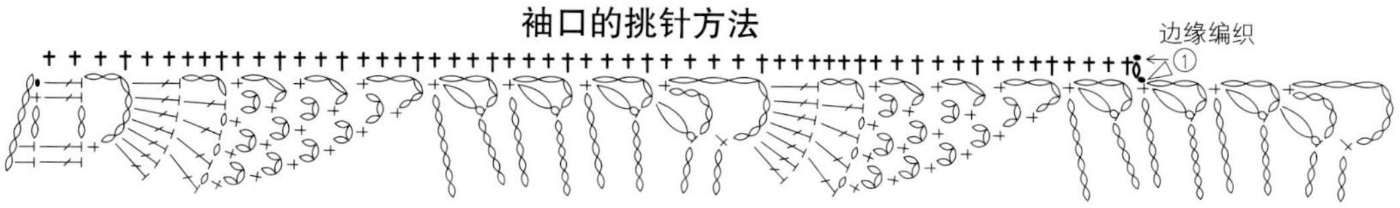

25

设计：河合真弓　制作：关谷幸子
用线：Olympus Chapeautte
编织方法 > p.84

在帽顶起针，一圈一圈钩织短针完成的帽子。
帽身加入了立体的编织花样，显得非常别致。

26

设计：Yumiko Kawaji
制作：白川 薰
用线：Olympus Chapeautte
编织方法 > p.38

打褶后圆鼓鼓的祖母包真是可爱极了。
提手缝成了筒状结构，既结实，又方便携带。

26

p.37

材料和工具

用线… Olympus Chapeautee 紫色和黄绿色的段染（54）170g/5桄

其他…直径3cm的包扣坯1颗

钩针… 7/0号、6/0号

成品尺寸

宽35cm、深22.5cm（不含提手）

编织密度

10cm×10cm面积内：编织花样 18针、8行，短针 16针、18行

编织要领

主体起针后在锁针的里山挑针，按编织花样钩34行。袋口在主体的边上1针里整段挑针，钩11行短针。钩提手时，从主体和袋口的6行里挑针，中间钩40针锁针的起针针目，然后环形钩织10行短针。将提手向内对折，在挑针位置做卷针缝，锁针的起针针目与最后一行的针目头部进行缝合。扣子环形起针后，一边加减针一边钩短针，编织结束时留20cm长的线头剪断，再放入包扣坯，在最后一行的针目里穿入线，拉紧缝好。钩织纽襻，将纽襻和扣子缝在指定位置。

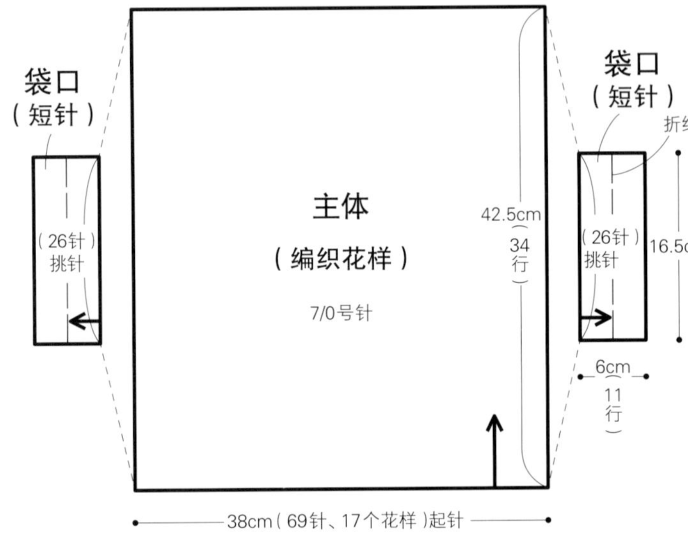

※除主体以外，均用6/0号针钩织

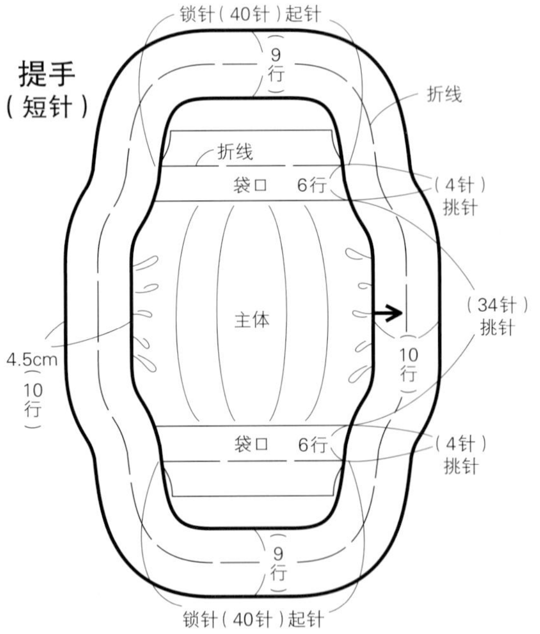

扣子（短针） 7/0号针

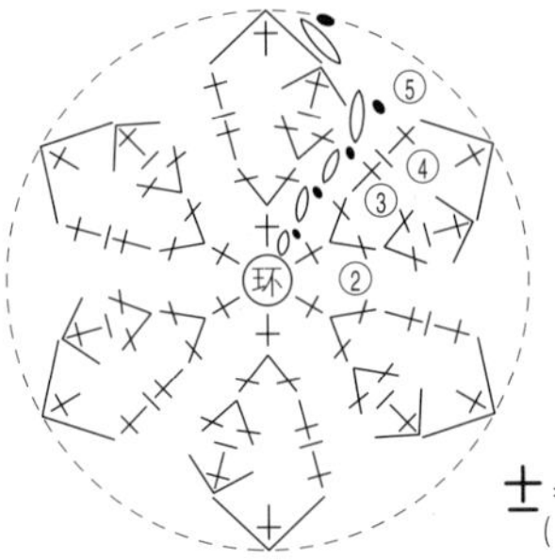

±=短针的条纹针（在前一行针目的后面半针里挑针）

纽襻（引拔针钩织的细绳）

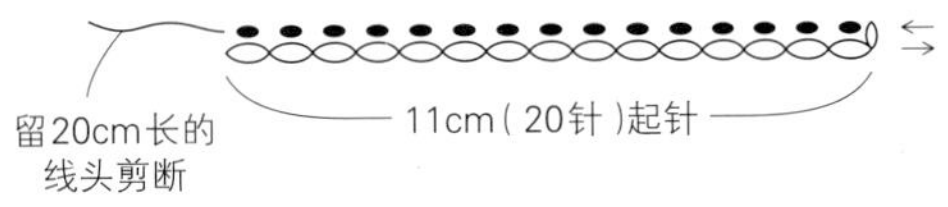

组合方法

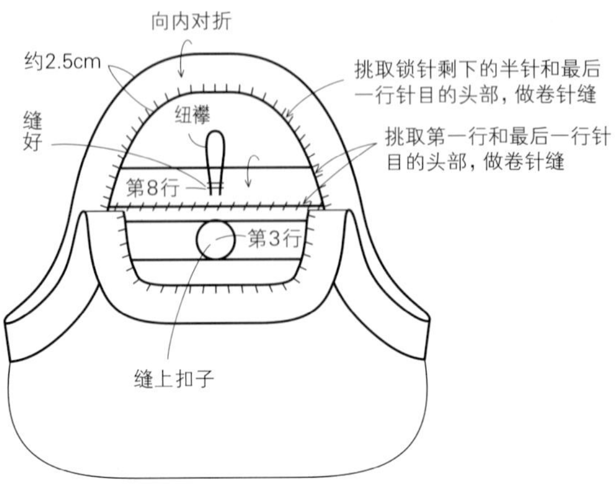

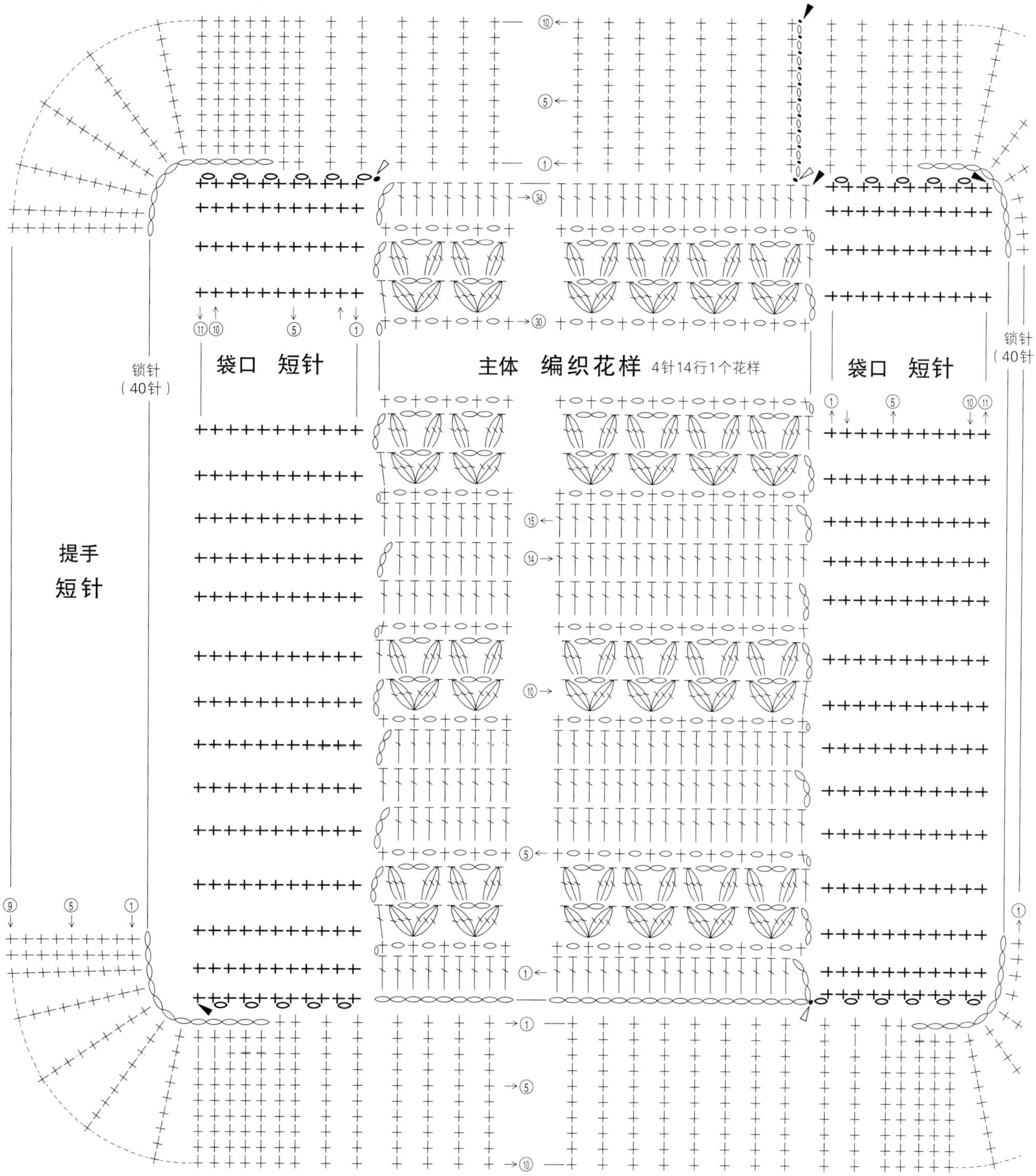

▷ =接线
► =断线

27

设计、制作：chisako
用线：Olympus Chapeautte
编织方法 > p.42

帽身上的饰带是从主体挑针钩织而成的，
在后面缝制成蝴蝶结状。
再将帽檐向上翻折后固定好，
背后的设计真是别有洞天。

28

设计：Owako Akiyama
用线：Olympus Emmy Grande
<House>
编织方法 > p.43

在蕾丝花边拉链的编织针孔里挑针开始钩织。
作为化妆包或小收纳袋，放在包包里随身携带也不错哟！

27

p.40

材料和工具

用线… Olympus Chapeautte 米色系（51）120g/4 桄

钩针… 6/0 号

成品尺寸

头围 55cm、深 17.5cm

编织密度

10cm×10cm 面积内：短针 17.5 针、20 行

编织要领

主体在帽顶环形起针后，一边分散加针一边环形钩织短针，无须钩起立针。第 23 行钩短针的条纹针。接着，钩织帽檐。饰带在第 23 行钩短针的条纹针时剩下的 1 根线里挑针，用往返编织的方法按编织花样环形钩织。钩织饰带扣，缝在主体上，使其覆盖在饰带的起立针位置，缝制成蝴蝶结状。将帽檐翻折至饰带扣的下方，找 1 个点将其缝在主体上。

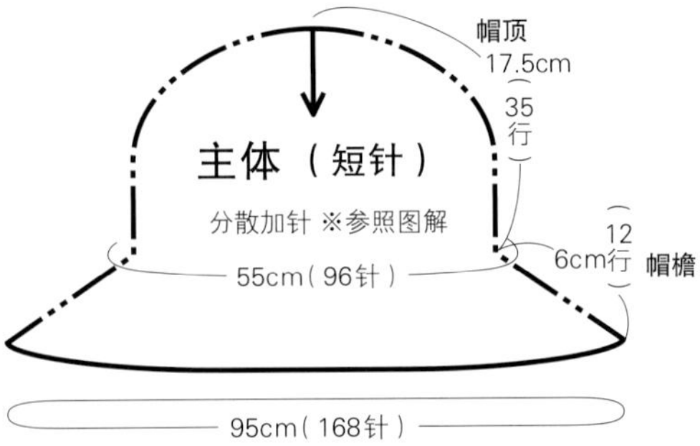

※第 23 行钩短针的条纹针

加针

	行数	针数	
帽檐	⑫	168 针	无须加减针
	⑪	168 针	（+12 针）
	⑩	156 针	无须加减针
	⑨	156 针	（+12 针）
	⑧	144 针	无须加减针
	⑦	144 针	（+12 针）
	⑥	132 针	无须加减针
	⑤	132 针	（+12 针）
	④	120 针	无须加减针
	③	120 针	（+12 针）
	②	108 针	无须加减针
	①	108 针	（+12 针）
帽顶	㉑～㉟	96 针	无须加减针
	⑳	96 针	（+6 针）
	⑱ ⑲	90 针	无须加减针
	⑰	90 针	（+6 针）
	⑮ ⑯	84 针	无须加减针
	⑭	84 针	各（+6 针）
	⑬	78 针	
	⑫	72 针	
	⑪	66 针	
	⑩	60 针	
	⑨	54 针	
	⑧	48 针	
	⑦	42 针	
	⑥	36 针	
	⑤	30 针	
	④	24 针	
	③	18 针	
	②	12 针	
	①	6 针	

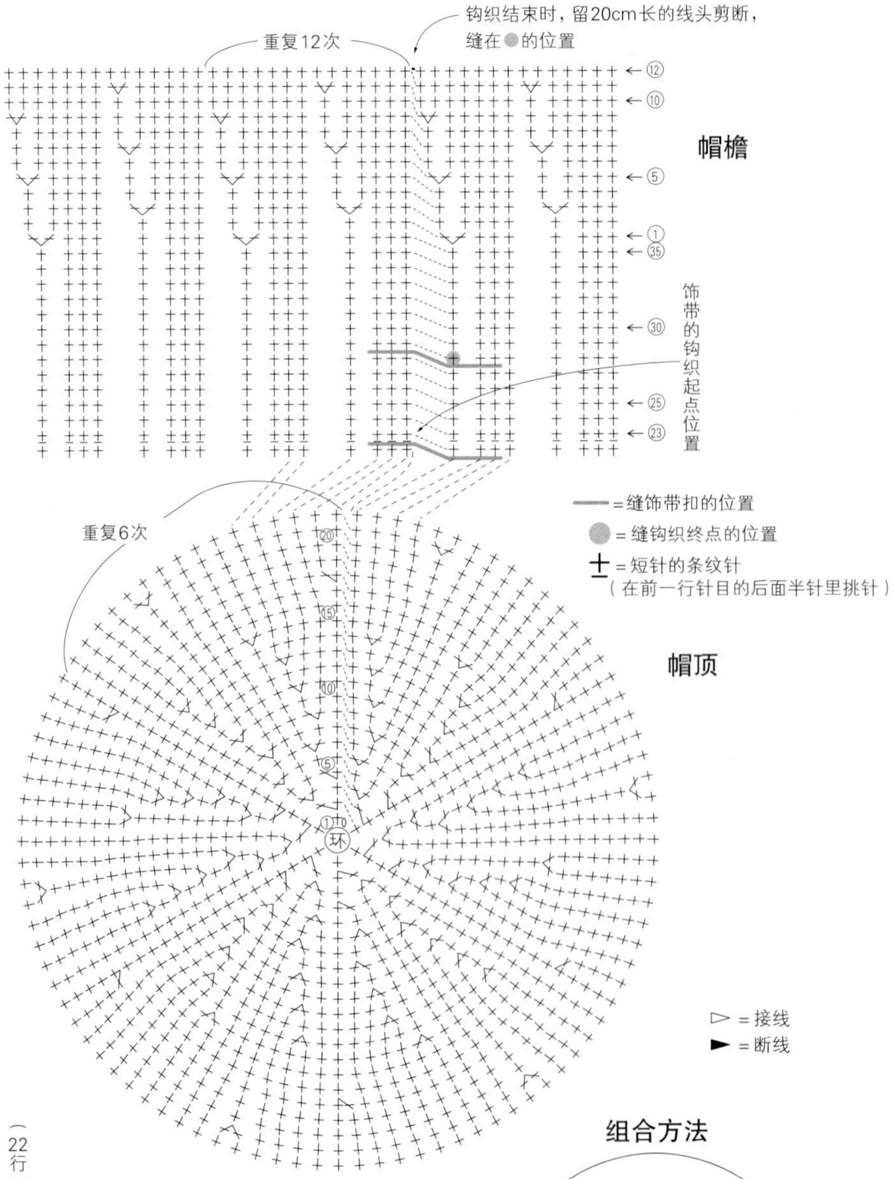

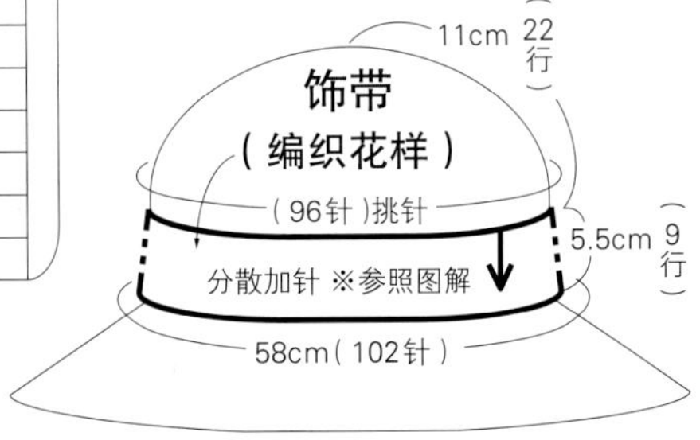

饰带扣

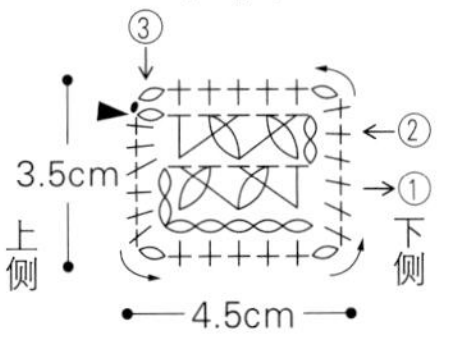

※钩织起点和钩织终点分别留 20cm 长的线头，缝在指定位置

组合方法

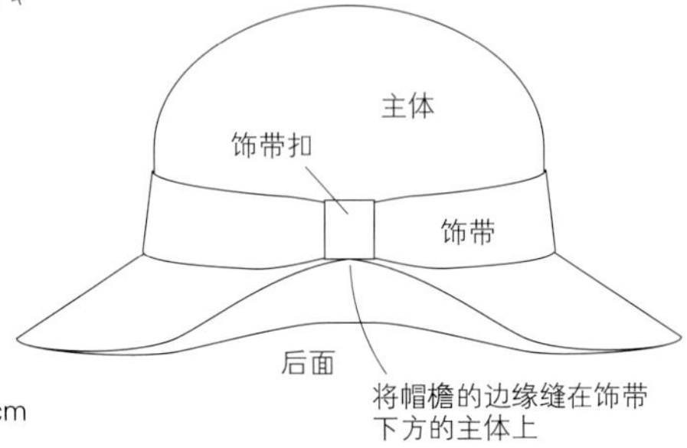

28

p.41

材料和工具

用线…Olympus Emmy Grande <House> 浅茶色（H4）45g/2团

其他…Olympus蕾丝花边拉链　长约17cm，白色（AF4）1根

钩针…3/0号

成品尺寸

宽19cm、深14.5cm

编织密度

10cm×10cm面积内：编织花样33针、14行

编织要领

主体第1行在蕾丝花边拉链的孔里挑针编织，按编织花样钩20行，断线。在周围3条边上钩1行短针调整形状。在拉链的另一侧挑针，再钩1个相同的织片。将拉链两端多余的部分折至反面缝好，注意不要在正面露出针脚。将2个主体织片正面朝外对齐，用剩下的线头挑取短针头部的2根线做卷针缝。钩花片时，先钩8针锁针，连接成环形起针后继续钩织。参照图示确认订缝位置，将花片的第2行缝在主体上。

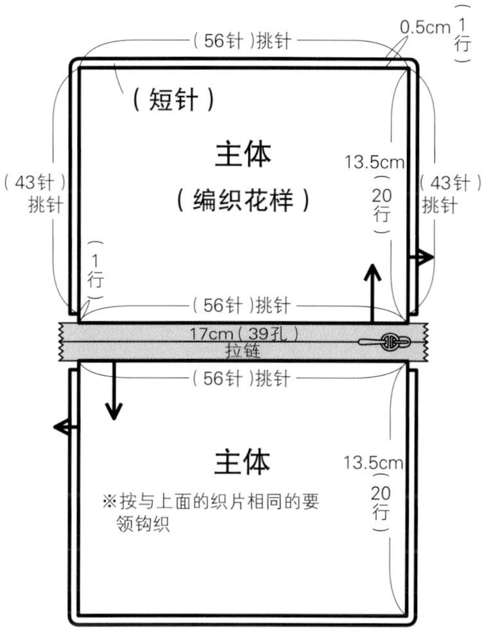

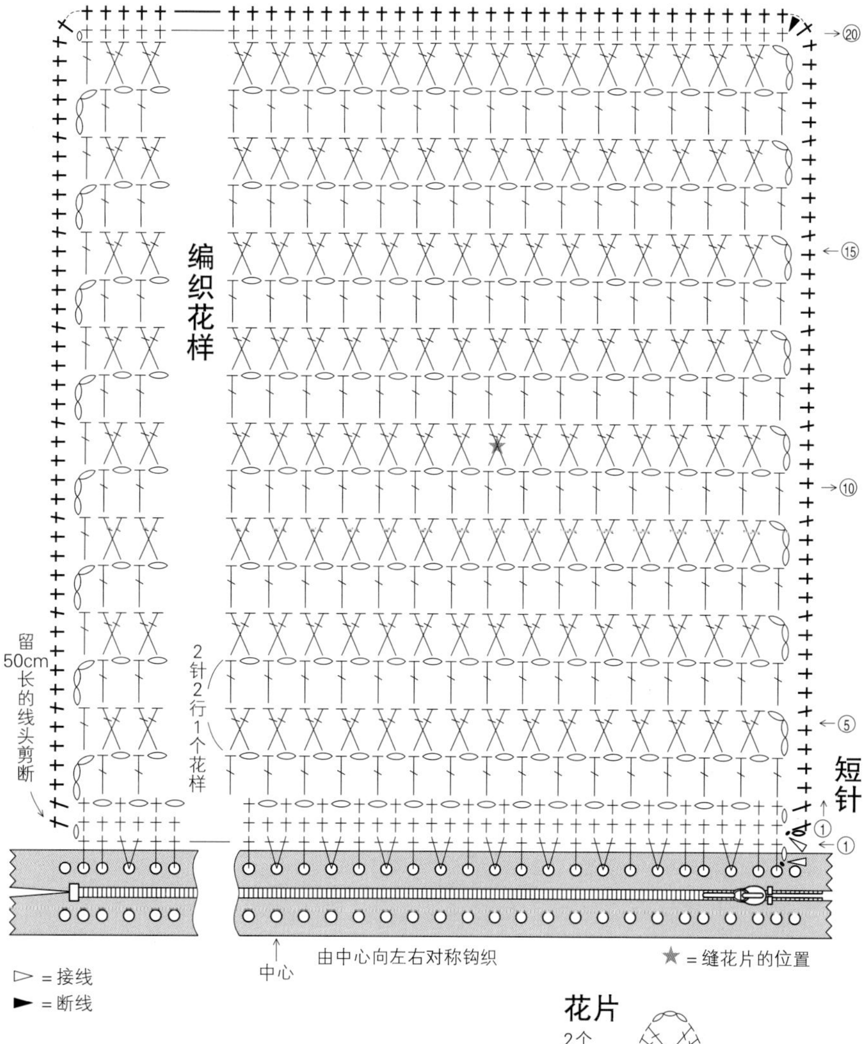

组合

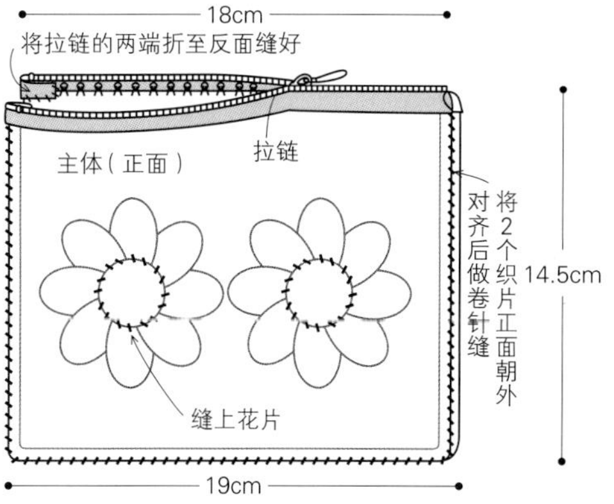

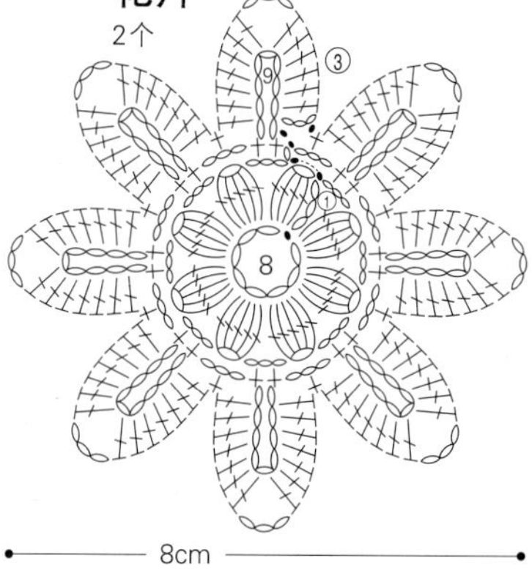

编织花样

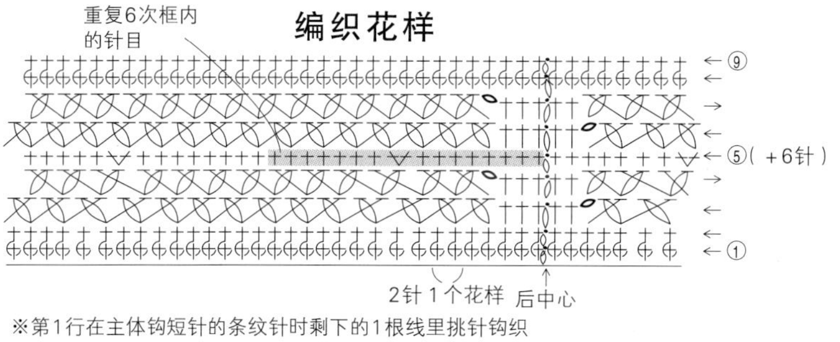

※第1行在主体钩短针的条纹针时剩下的1根线里挑针钩织

※将锁针的针目分隔开挑针　　＝短针的反拉针

23

p.32

材料和工具

用线… Olympus Emmy Grande <House> 颜色名、色号、使用量参照下表

钩针… 4/0 号

成品尺寸

宽 27cm、深 29cm（不含提手）

编织密度

10cm×10cm 面积内：编织花样 26 针、12.5 行，短针 27 针、30 行

编织要领

主体钩锁针起针，在锁针的里山和半针里挑针，按编织花样钩织，中途的提手钩短针。再对称地钩织一片主体。花片分别钩织指定个数，参照图片组合并缝制卷心玫瑰、大花朵、小花朵和葡萄，注意正面不要露出针脚。参照图示摆放花片，在反面做卷针缝进行连接，制作袋子的底部。提手对齐左右两端后做挑针订缝，然后对折做卷针缝。将 2 片主体正面朝内对齐，在两侧钩引拔针和锁针连接成筒状。最后，缝合主体和袋状的连接花片。

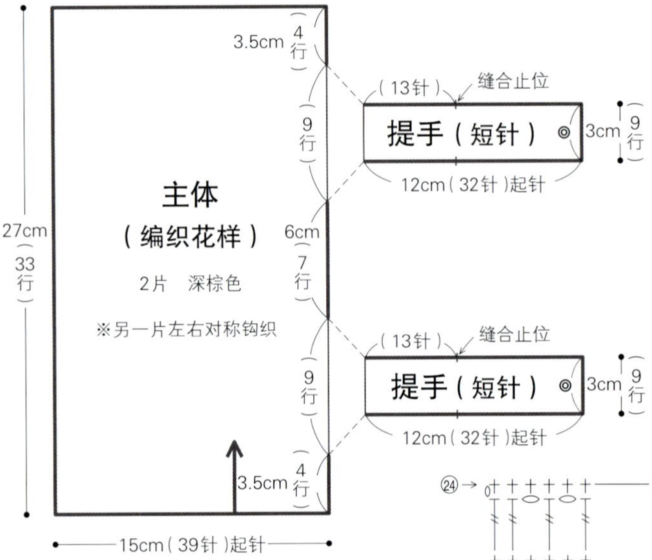

颜色名、色号和使用量

	颜色名	色号	使用量
	深棕色	H18	100g / 4 团
	浅紫色	H6	各 25g / 各 1 团
	深粉色	H16	
	鲑鱼粉色	H10	
	紫色	H15	各 15g / 各 1 团
	藏青色	H19	
	绿色	H12	
	红色	H17	
	黄绿色	H11	10g / 1 团

另一片主体的提手的钩织方法

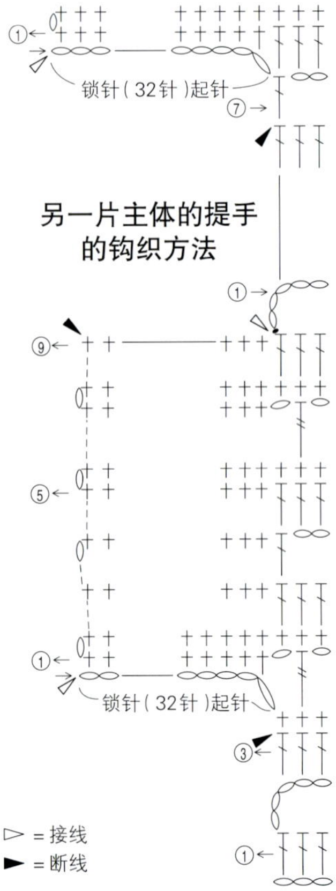

编织花样 主体

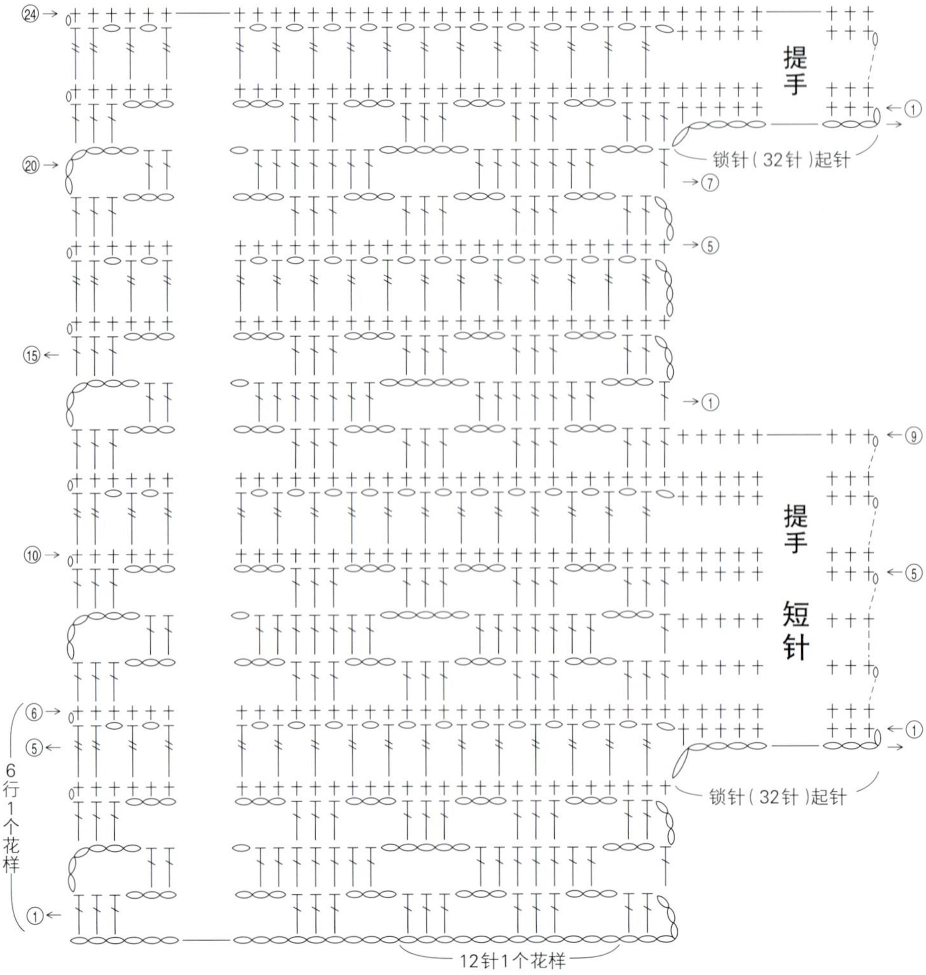

▷ = 接线
► = 断线

卷心玫瑰 深粉色 6个

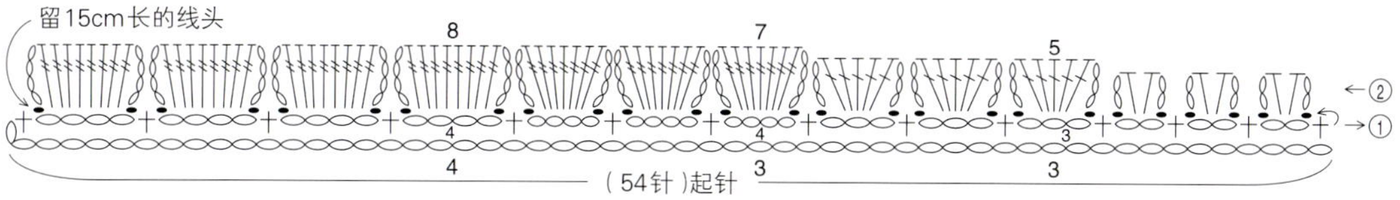

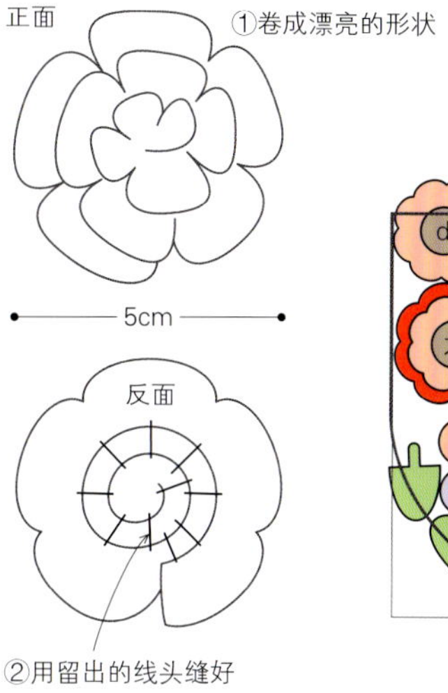

花片摆放图（反面）

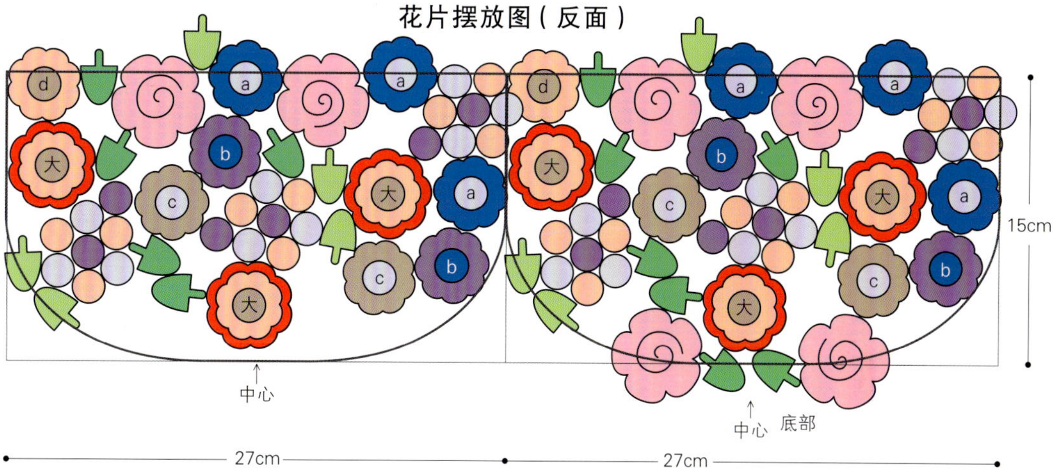

配色表

花片：花朵

行＼数量		大花朵	小花朵			
		6个	a 6个	b 4个	c 4个	d 2个
花瓣	①②	鲑鱼粉色	藏青色	紫色	深棕色	鲑鱼粉色
	③④	红色	—	—	—	—
花蕊		深棕色	浅紫色	藏青色	浅紫色	深棕色

花片：葡萄

	叶子	果实
绿色	12片	—
黄绿色	10片	—
浅紫色	—	18个
鲑鱼粉色	—	18个
紫色	—	12个

花片：花朵

在花瓣第1行的长针里缝上花蕊

花瓣

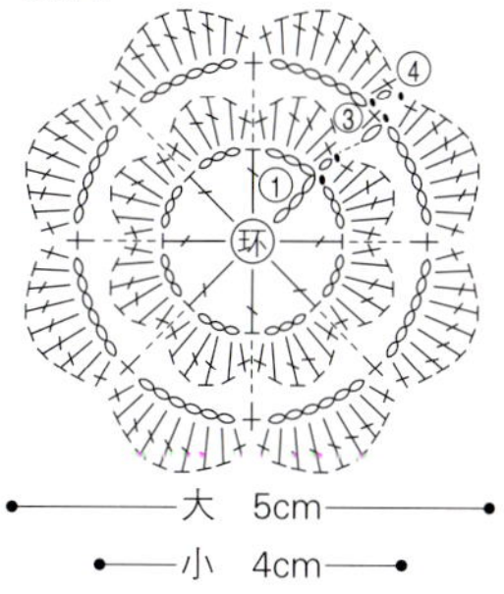

花蕊

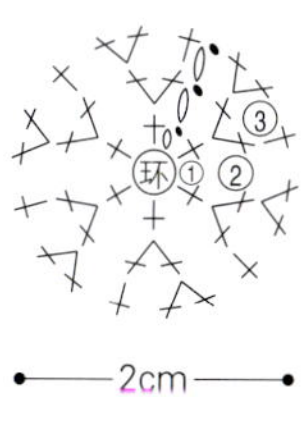

组合方法

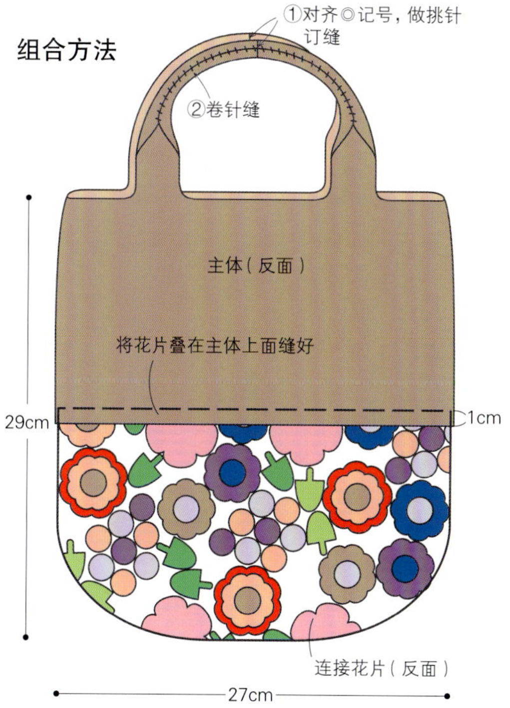

花片：葡萄

果实

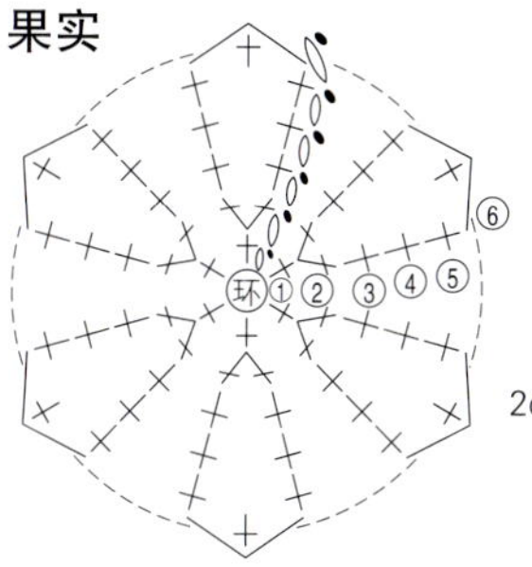

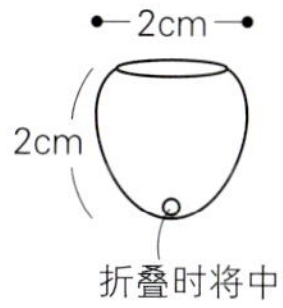

叶子

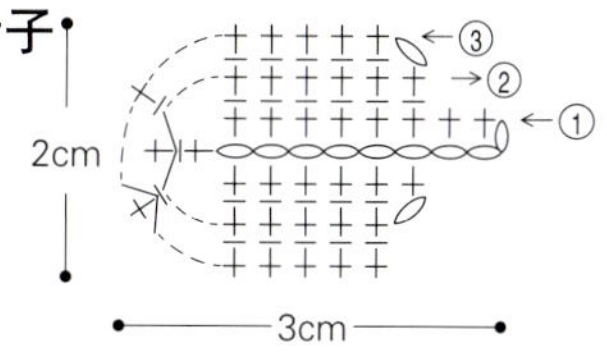

±＝短针的条纹针
（在后面半针里挑针，有半针留在正面）

19

p.28

材料和工具

用线… Olympus Emmy Grande <Colorful> 粉色、抹茶绿色、金褐色的段染（C6）155g/7团

其他…直径1cm的纽扣 3颗

钩针… 2/0号

成品尺寸

胸围91cm、长45.5cm、连肩袖长26.5cm

编织密度

编织花样A 2个花样＝7.5cm、9.5cm

编织要领

身片在肩部起针，在锁针的里山挑针，按编织花样A、B钩织。肩部将前后身片正面朝内对齐，钩短针和锁针进行连接。胁部钩短针和锁针进行缝合。前门襟和领子先钩1行边缘编织A，接着钩织下摆的边缘编织B，再钩织边缘编织A的第2行。袖子从身片挑针，按编织花样C环形钩织。在左门襟缝上纽扣。

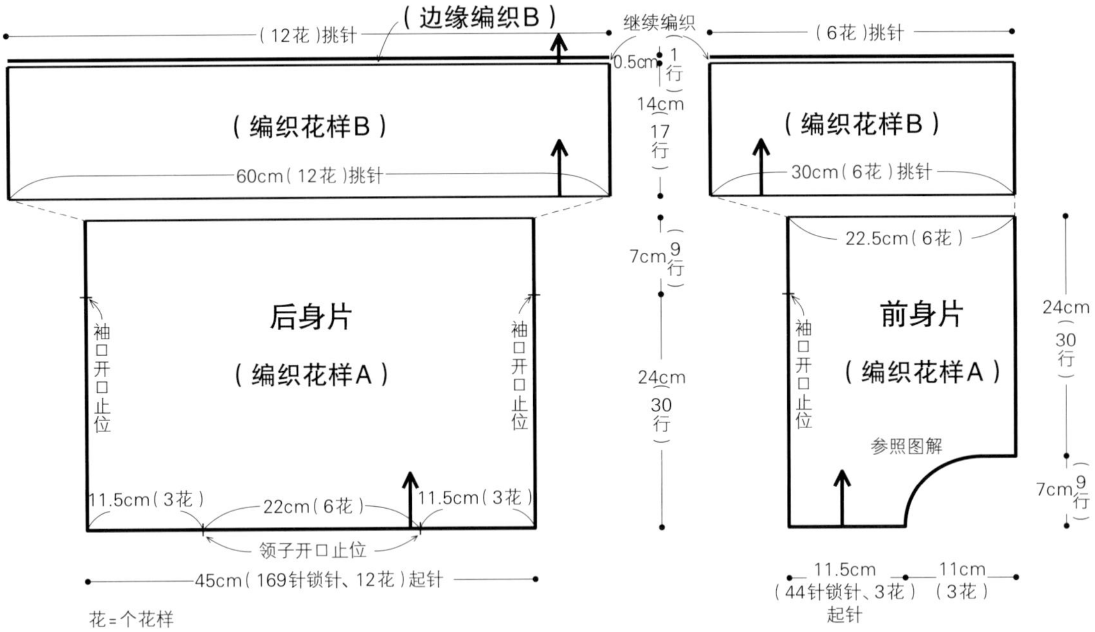

前门襟、领子（边缘编织A）

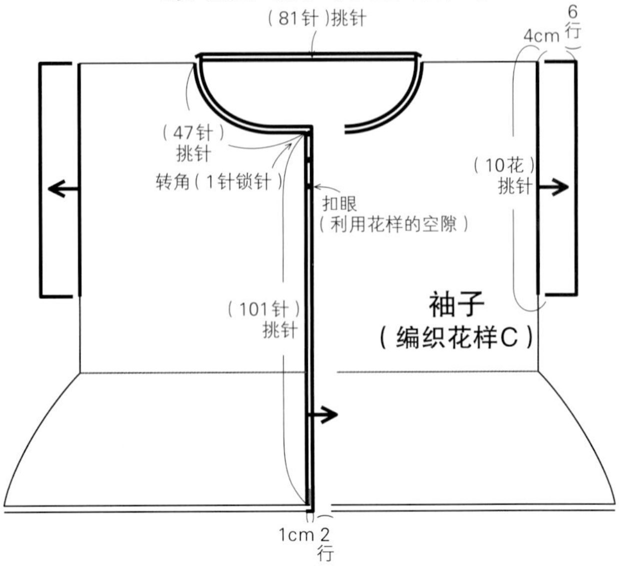

编织花样A

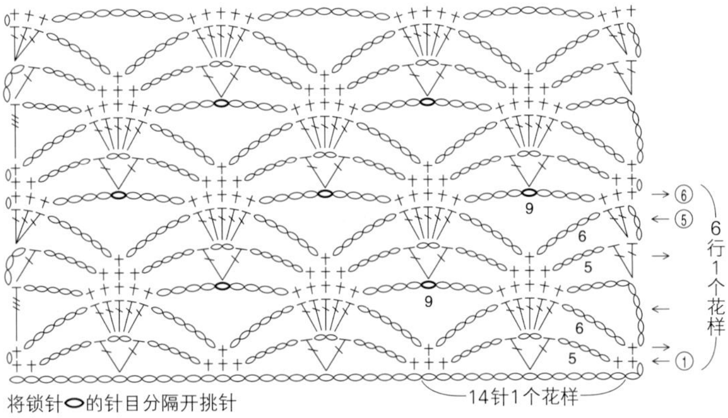

编织花样C

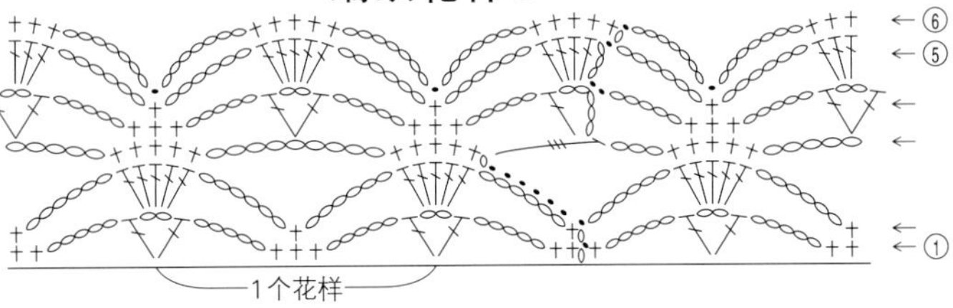

边缘编织A

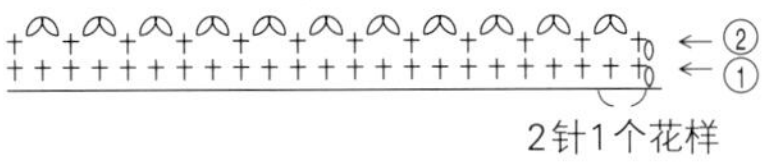

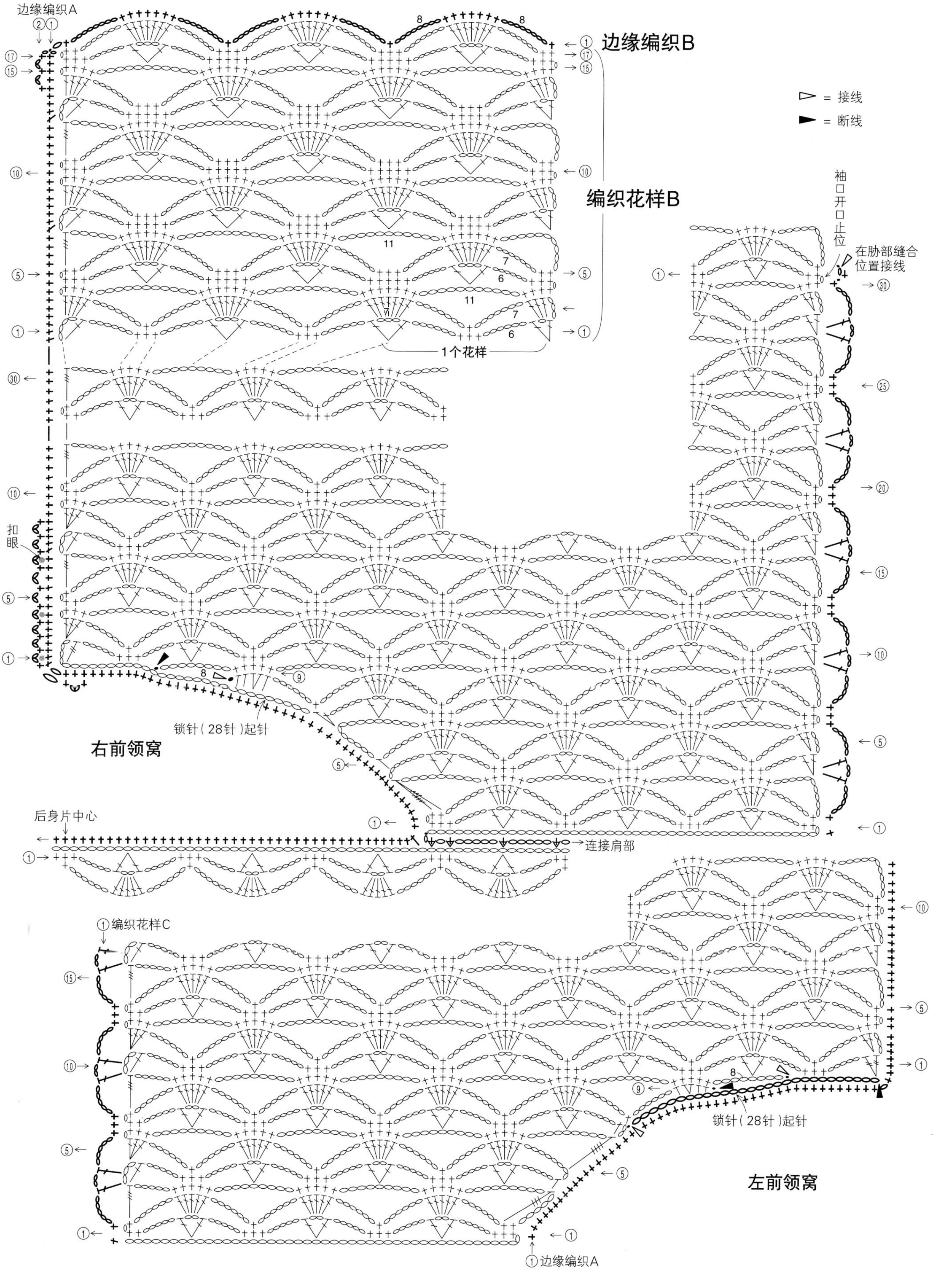

边缘编织A
边缘编织B
编织花样B
1个花样
▷ = 接线
◀ = 断线
袖口开口止位
在肋部缝合位置接线
扣眼
锁针（28针）起针
右前领窝
后身片中心
连接肩部
①编织花样C
锁针（28针）起针
左前领窝
①边缘编织A

本书用线一览

图片为实物粗细

	线材名称	成分	规格 线长	粗细 针号	特点
1	Silk Bijou Scena	腈纶 32%、棉 29%、蚕丝 26%、涤纶 7%、尼龙 6%	25g / 团 约 90m	粗 4/0、5/0 号	具有上等蚕丝的光泽和质感，漂亮的渐变段染效果和自然光泽的金银丝线打造出雅致的优质线材
2	Diva	麻（爱尔兰亚麻）44%、棉 22%、其他纤维（和纸）22%、蚕丝 12%	40g / 团 约 140m	粗 3/0 ~ 5/0 号	各种优质天然纤维混纺而成，色彩自然，具有光泽和花式纱线的立体感
3	Cotton Cuore	棉（埃及棉）100%	40g / 团 约 170m	粗 3/0、4/0 号	使用优质棉，柔软的触感和顺滑的手感使编织起来非常顺手，最适合钩针编织
4	Allure	三醋酸纤维 52%、麻（亚麻）30%、棉 16%、涤纶（夹金银丝线）2%	25g / 团 约 96m	粗 3/0、4/0 号	漂亮的渐变色优质线材，由亲肤有光泽的三醋酸纤维、亚麻和彩棉混纺而成
5	金票 40 号 蕾丝线	棉 100%	50g / 团 约 445m	极细 蕾丝钩针 6~8 号	使用最上等的埃及棉。最适合钩织蕾丝作品，以及梭编蕾丝等纤细精致的各种蕾丝作品
6	Emmy Grande	棉 100%	50g / 团 约 218m	细 蕾丝钩针 0 号 ~ 钩针 2/0 号	容易钩织，具有丝绸般的光泽，颜色丰富，是深受钩编爱好者喜爱的经典款蕾丝线
7	Emmy Grande <Colorful>	棉 100%	25g / 团 约 110m	细 蕾丝钩针 0 号 ~ 钩针 2/0 号	渐变效果非常漂亮的中等间距段染线。4 色炫彩花式线
8	Emmy Grande <House>	棉 100%	25g / 团 约 74m	粗 3/0、4/0 号	经典人气款 Emmy Grande 的粗型手编线。无论是小物还是服装都很适用，也推荐钩编初学者选用
9	Chapeautte	棉 100%（仿麻处理）	35g / 桄 约 77m	极粗 6/0、7/0 号	对棉线进行了仿麻处理，增强了韧性的带状线。既轻柔又结实，非常适合编织手提包和帽子

· 线的粗细是比较概括的表述，仅供参考。

1

p.3

材料和工具

用线… Olympus Silk Bijou Scena 粉色、米色、绿色、淡蓝色的段染线（2）175g/7团

钩针… 4/0号

成品尺寸

胸围98cm、长50.5cm、连肩袖长29cm

编织密度

编织花样9.5行=10cm

编织要领

在身片的领窝中心位置钩6针锁针，连接成环形后开始钩织。按编织花样呈半圆形钩织23行后断线。在指定位置重新接线，钩18行。在肩部和领窝钩织边缘编织A。再钩一个相同的身片。将两个身片的肩部正面朝外对齐，钩锁针和引拔针进行连接。胁部正面朝内对齐后钩引拔针和锁针（5针锁针、1针引拔针）进行缝合。下摆和袖口分别按边缘编织B和C环形钩织。

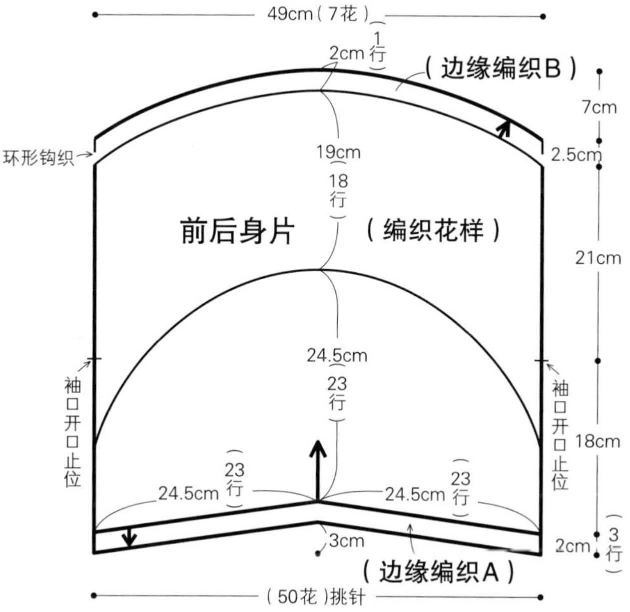

花=个花样

袖口（边缘编织C）

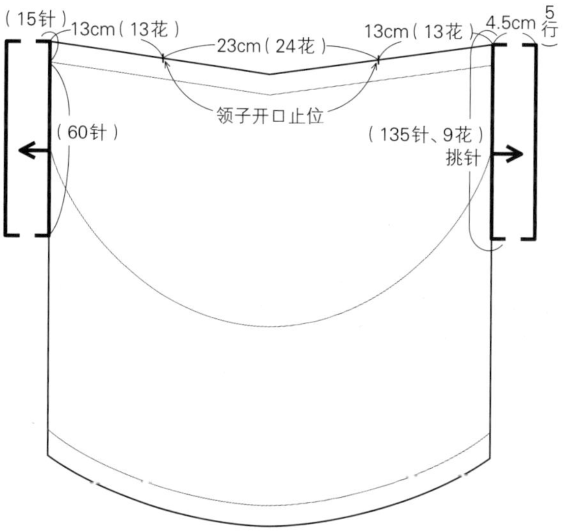

边缘编织A和肩部连接

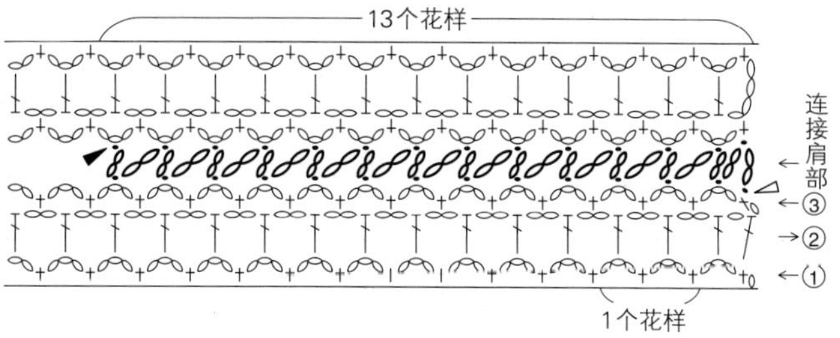

边缘编织C

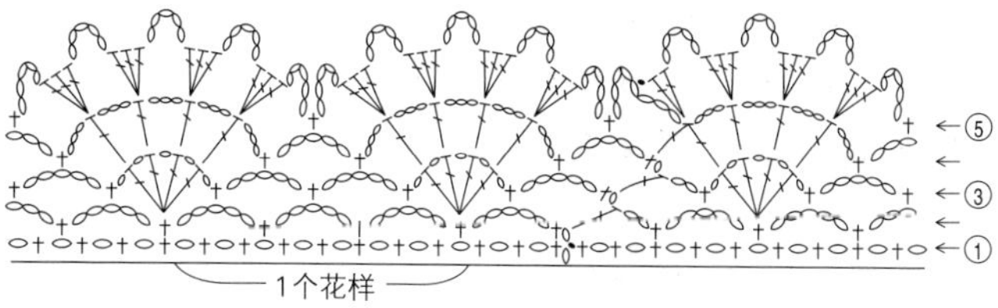

边缘编织B

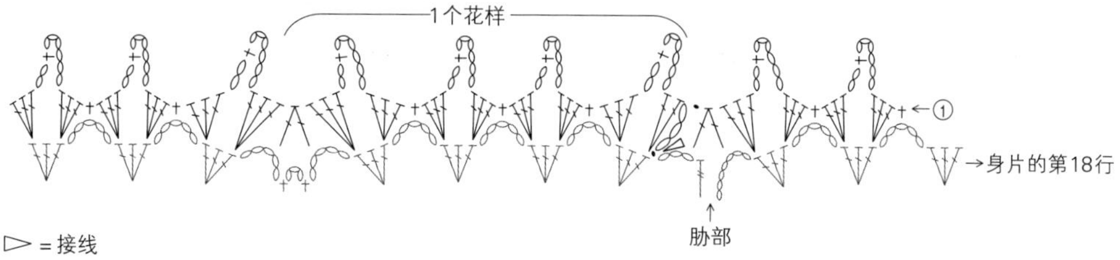

▷ = 接线

▶ = 断线

编织花样

前后身片

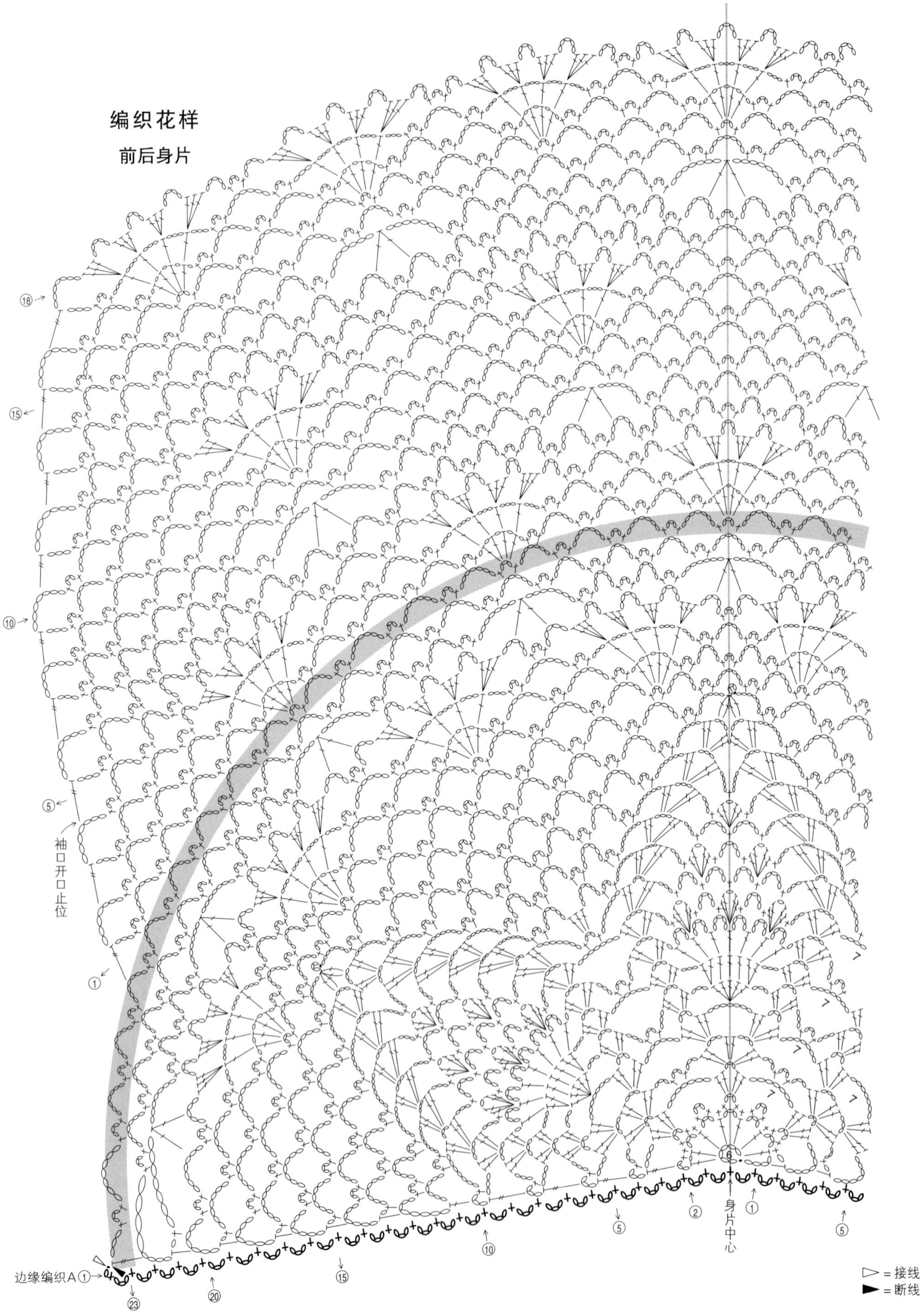

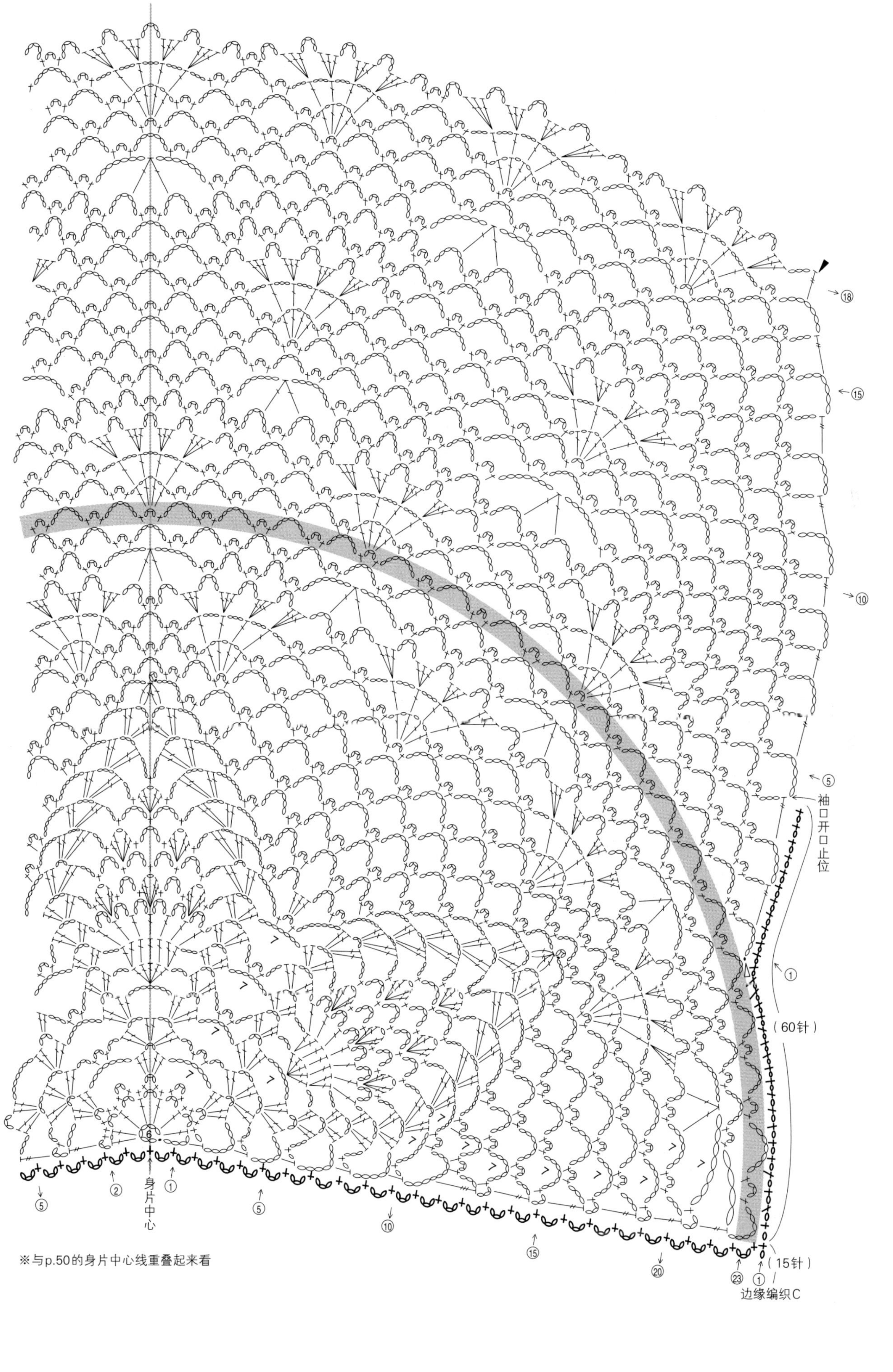

※与p.50的身片中心线重叠起来看

2

p.4

材料和工具

用线…Olympus Allure 棕色系（6）215g/9团

钩针…3/0号

成品尺寸

长约48cm

编织密度

花片第10行的直径＝21cm

编织要领

花片在中心位置钩8针锁针，连接成环形起针后开始钩织。从第2个花片开始，一边在最后一行钩引拔针与相邻的花片连接，一边继续钩织。钩织4个花片，并连接成环形。下摆在花片和花片之间按编织花样钩织填补。下摆和领子分别按边缘编织A和B钩织，调整形状。

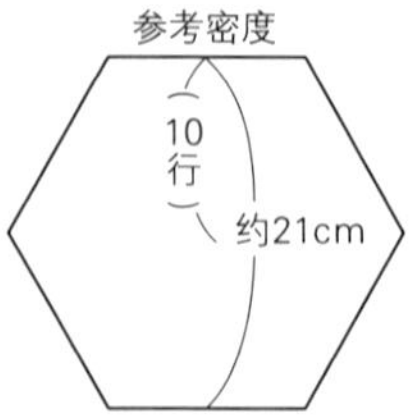

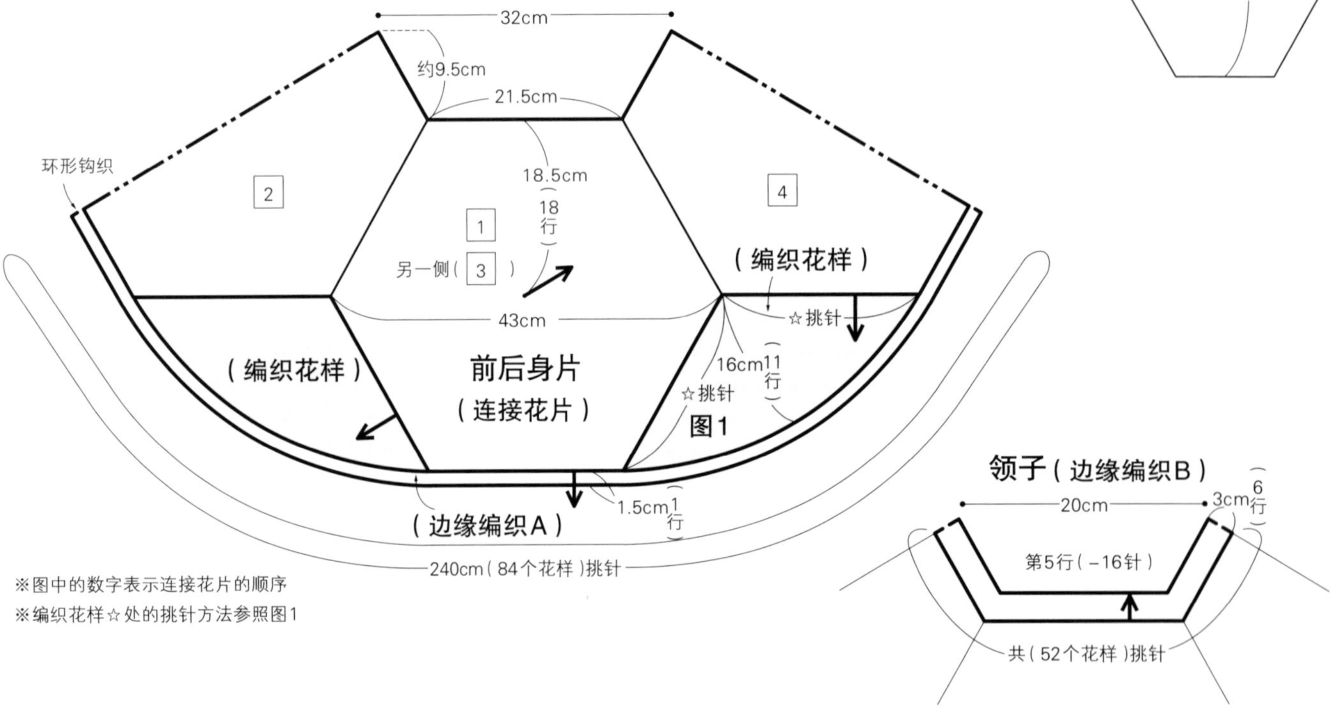

※图中的数字表示连接花片的顺序

※编织花样☆处的挑针方法参照图1

边缘编织B

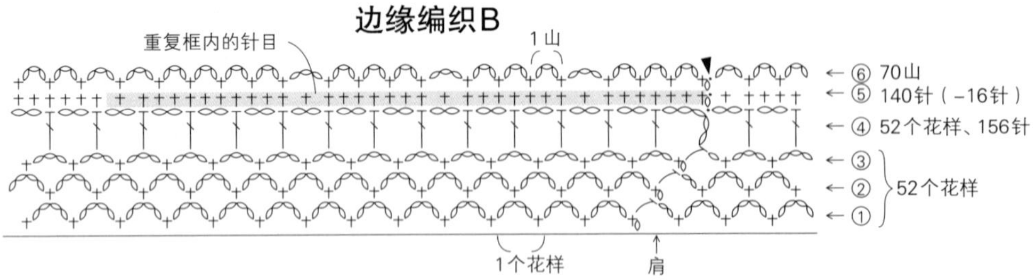

※第1行的短针在转角的4个地方改钩长针的2针并1针（参照下图）

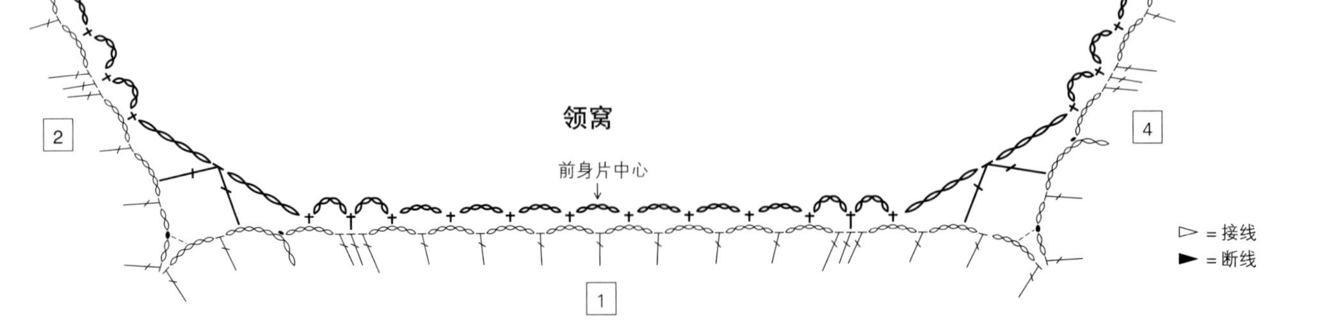

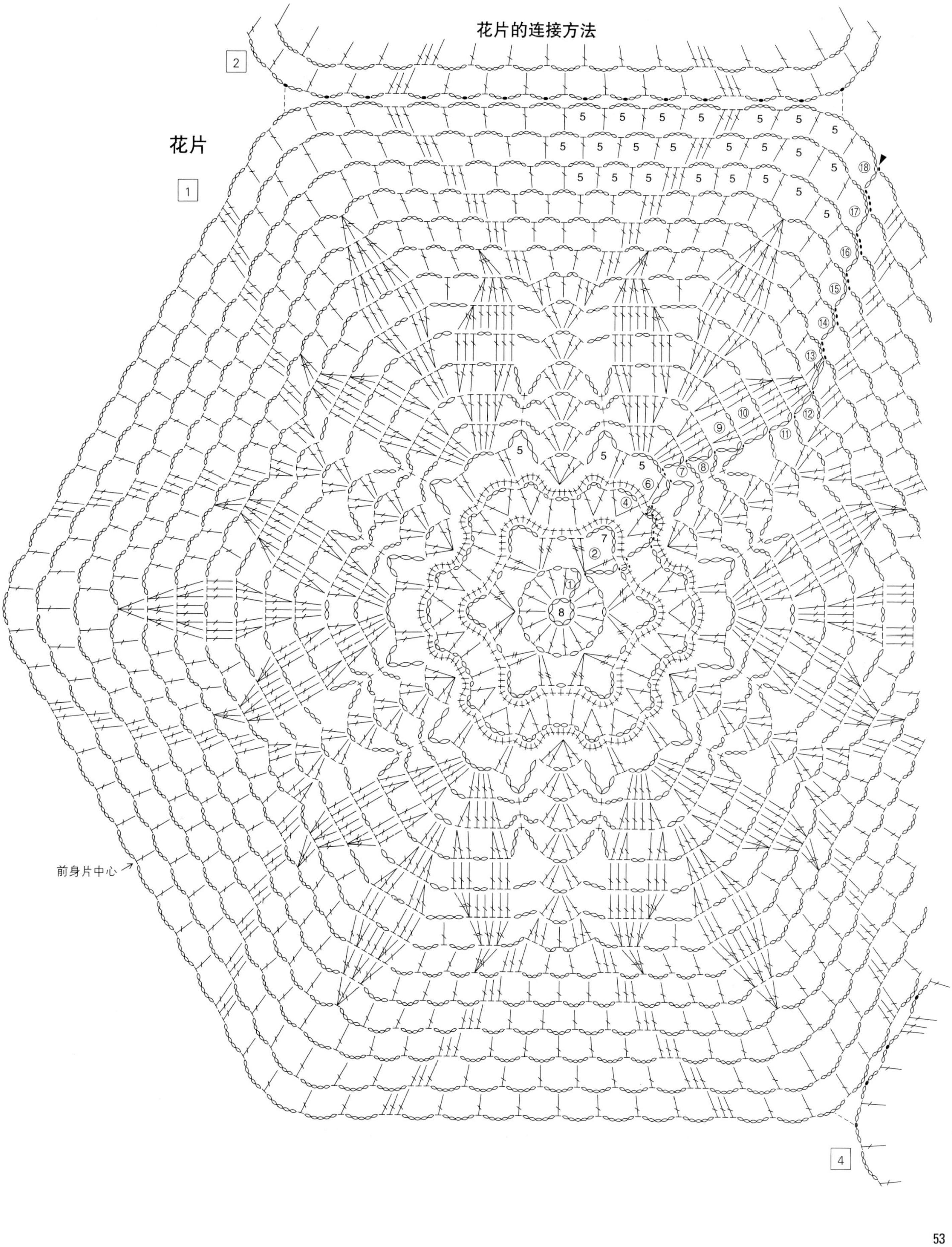
花片的连接方法
2
花片
1
前身片中心
4

图1 编织花样

※将锁针起立针 ◯ 的针目分隔开挑针

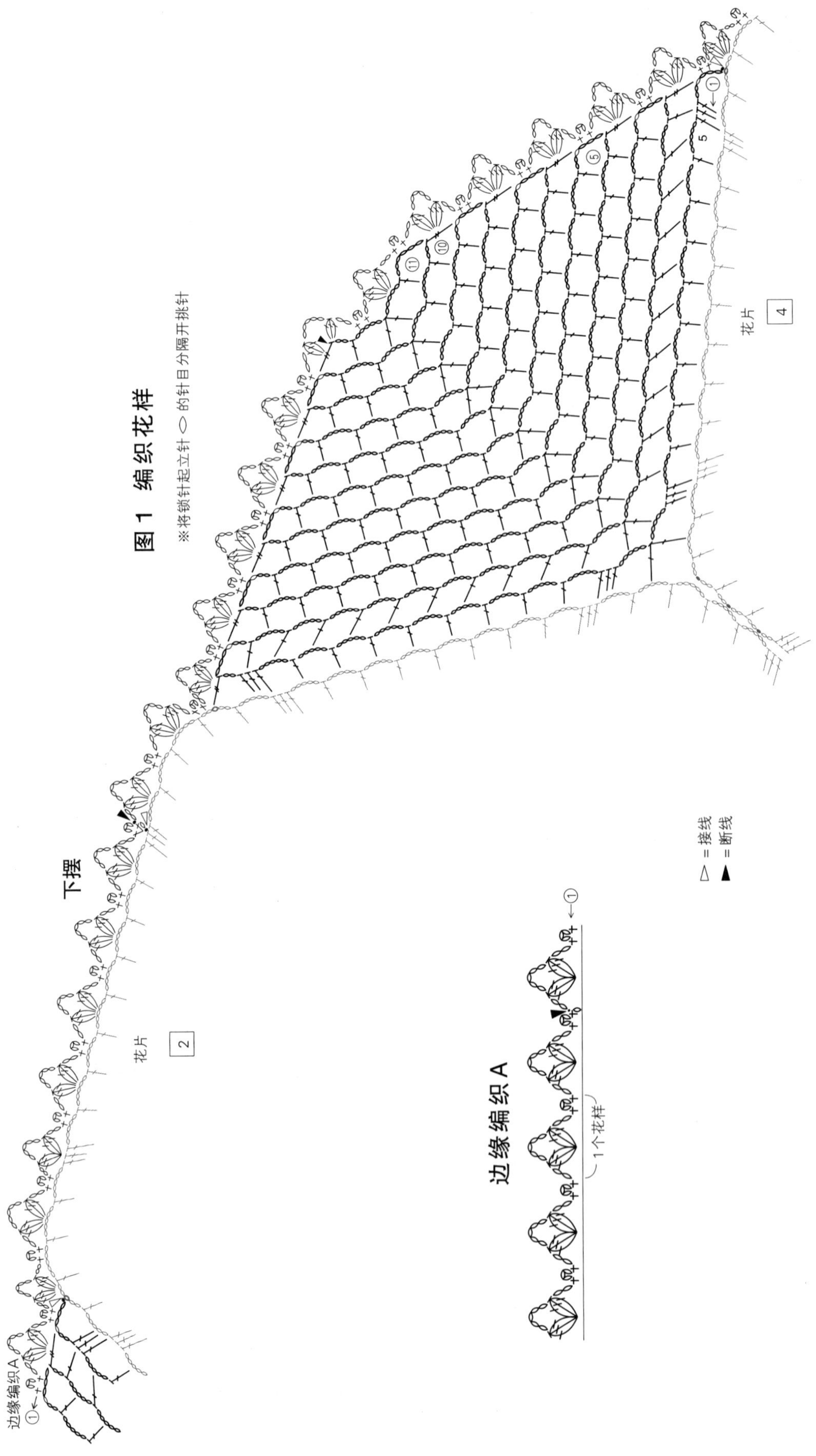

边缘编织A

1个花样

▷ = 接线
▲ = 断线

纵向渡线配色钩织（短针的情况）

①

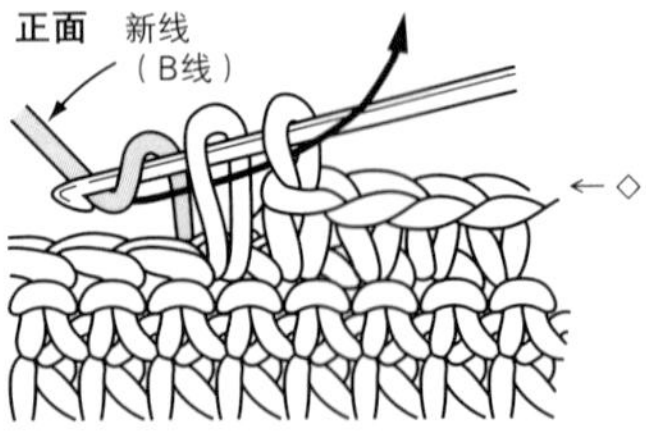

在前一行针目里插入钩针将线拉出，用新线引拔。

②

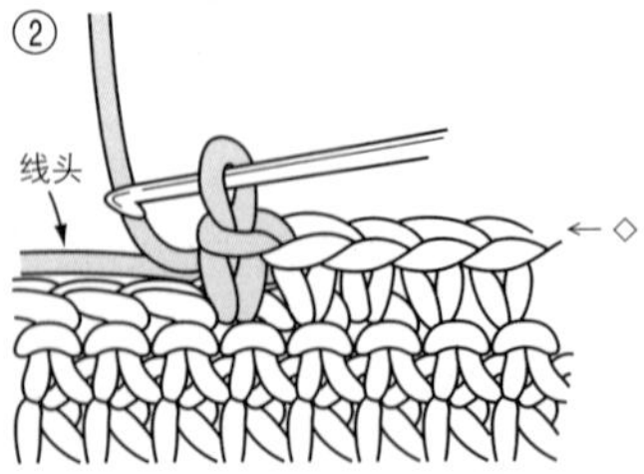

将线头放在同色一侧，挑针时与前一行一起包在里面钩织。

③

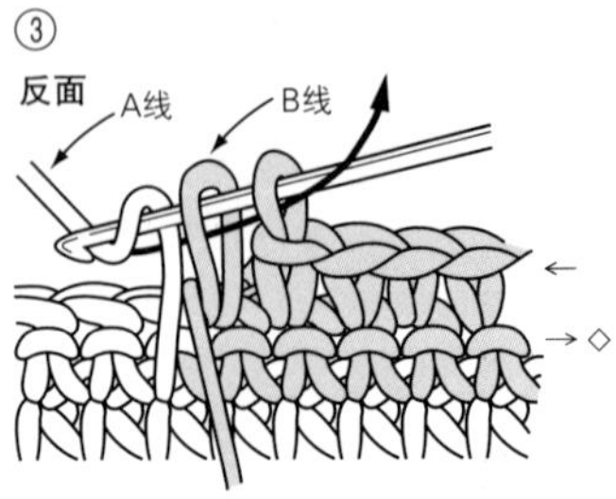

将B线的线团放在反面，用刚才休针的A线引拔。

3

p.6
p.7

材料和工具

用线… Olympus Silk Bijou Scena 140g/6团，a = 绿色系（7）、b = 米色系的段染线（3）

钩针… 4/0号

成品尺寸

胸围101cm、长51cm、连肩袖长26.5cm

编织密度

编织花样A 10cm = 5.5个花样、5行 = 5.5cm，编织花样B 1个花样 = 7.2cm、10cm = 6.5行

编织要领

后身片在肩部钩一条锁针链起针，从锁针链上挑针按编织花样A、B的顺序钩织。前身片也按与后身片相同的要领钩织，不过在钩完起针的锁针链和右侧2行后休针，在左领窝接新线钩2行后断线，从第3行开始用刚才休针的线左右两侧连起来钩织。肩部将前后身片正面朝内对齐后钩方眼针进行连接，胁部钩引拔针和锁针进行缝合。下摆、领子和袖口分别按边缘编织A、B、C挑针后环形钩织。

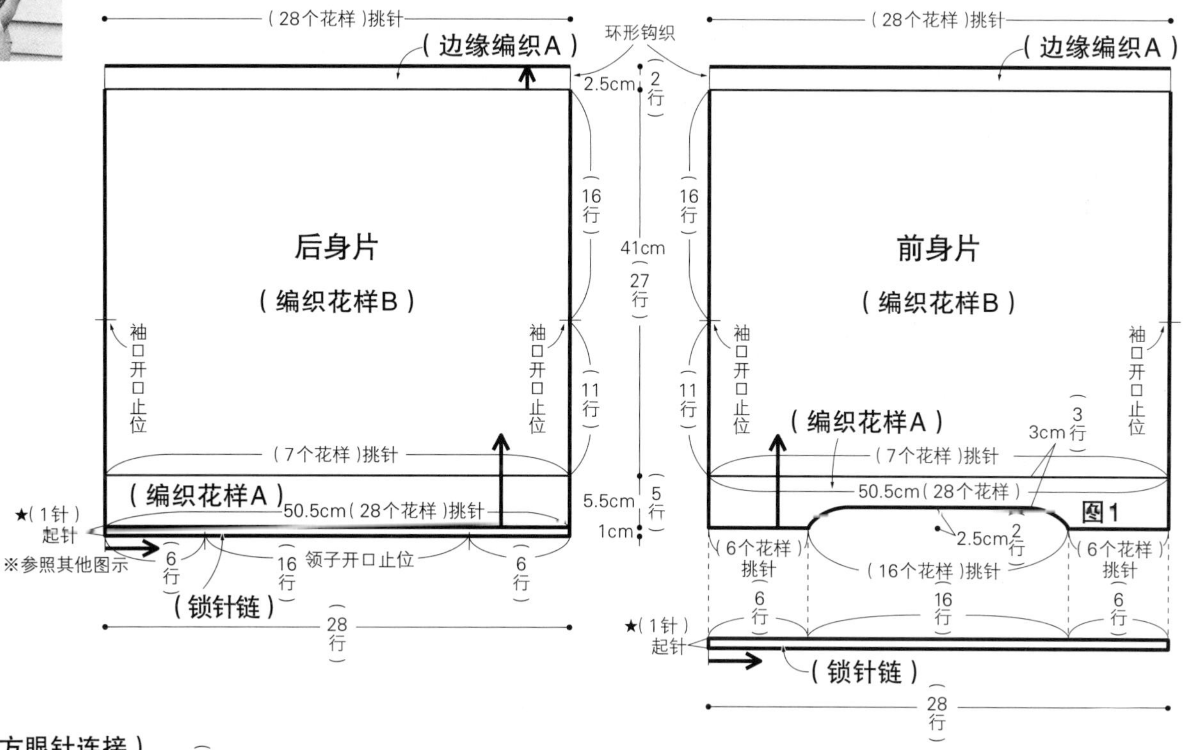

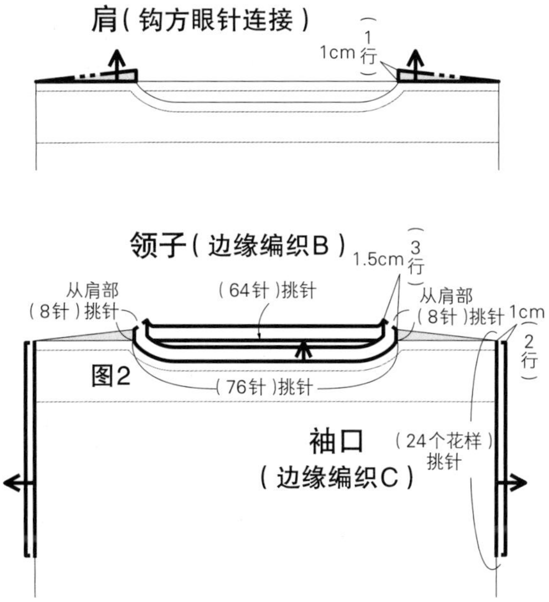

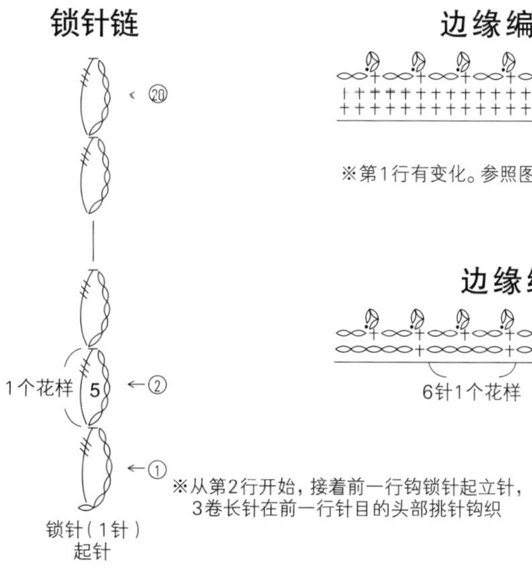

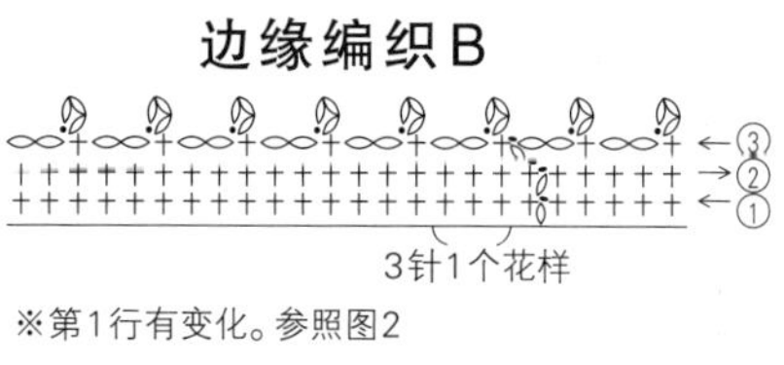

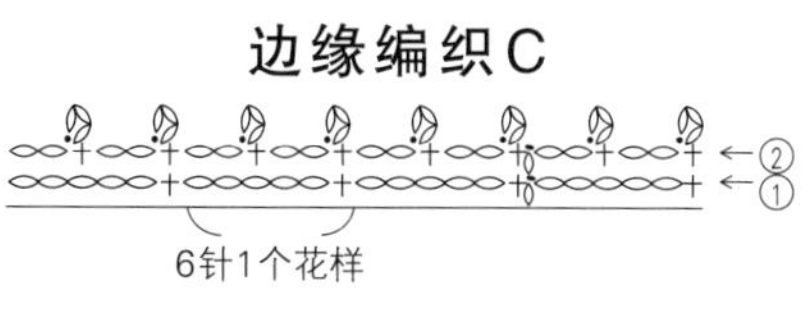

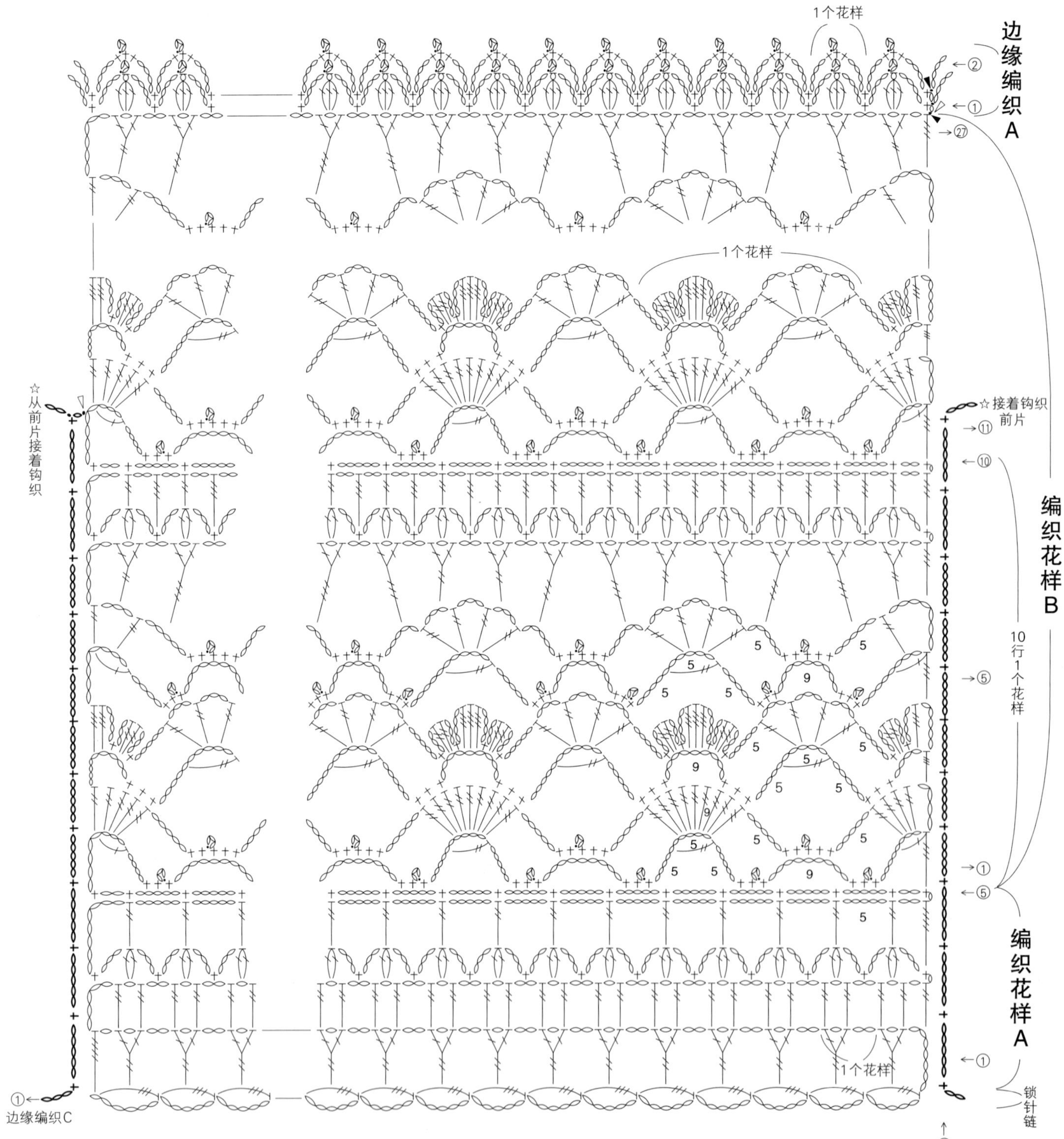

=Y字针

※绕3次线，先钩3卷长针，再钩锁针，最后在3卷长针从下往上数第2个尾针的2根线里挑针钩长针

=变化的3针长针的枣形针

=Y字针

※绕4次线，先钩4卷长针，再钩锁针，最后在4卷长针从下往上数第3个尾针的2根线里挑针钩长针

=接线

=断线

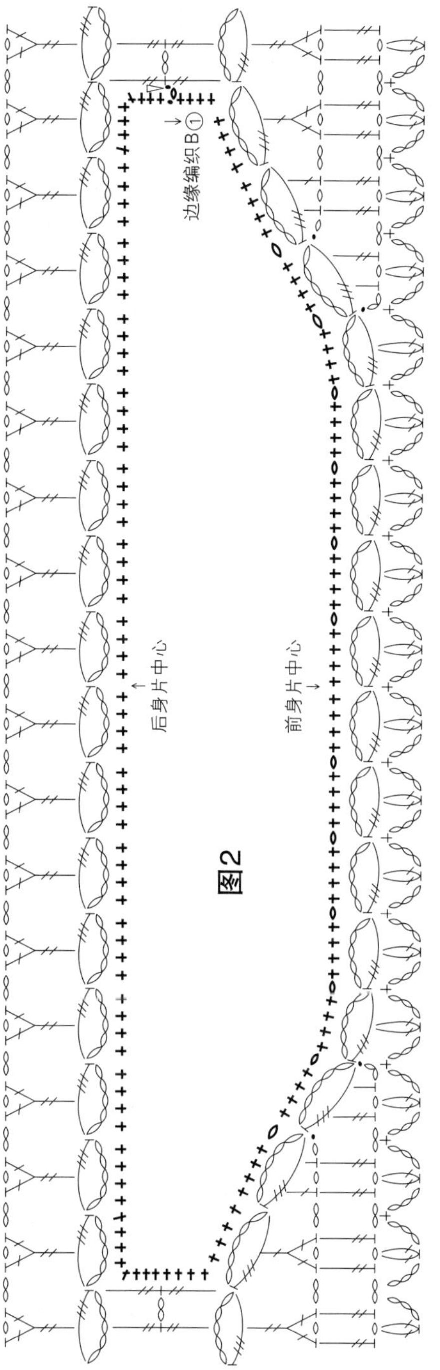

图2

钩方眼针连接

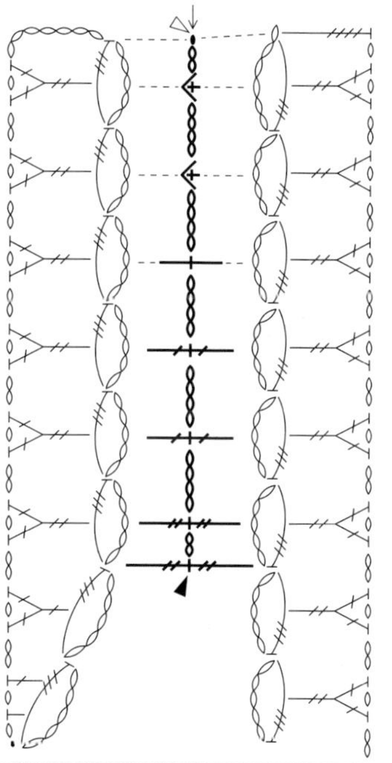

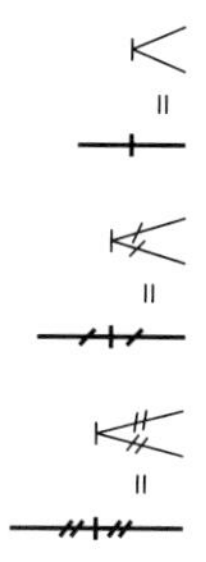

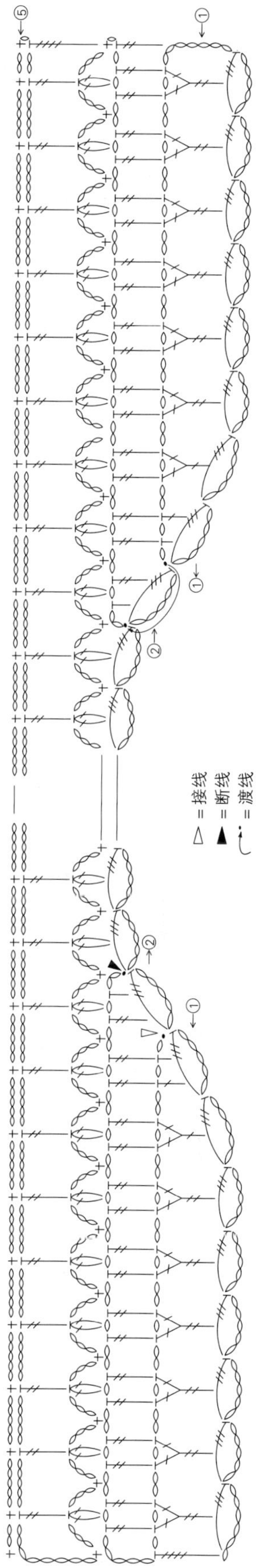

图 1 前领窝

Y字针

①

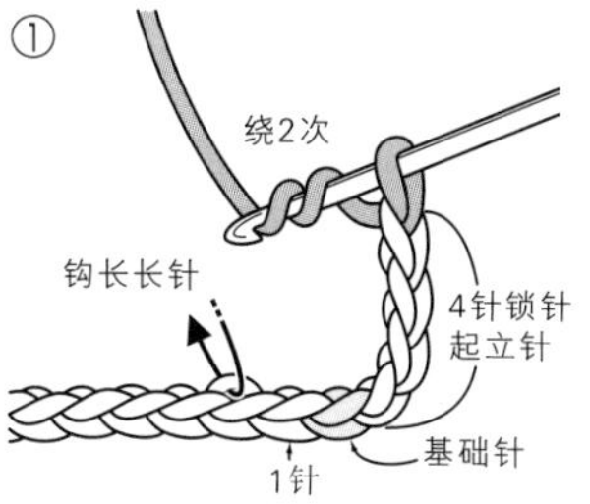

在钩针上绕2次线，钩长长针。

②

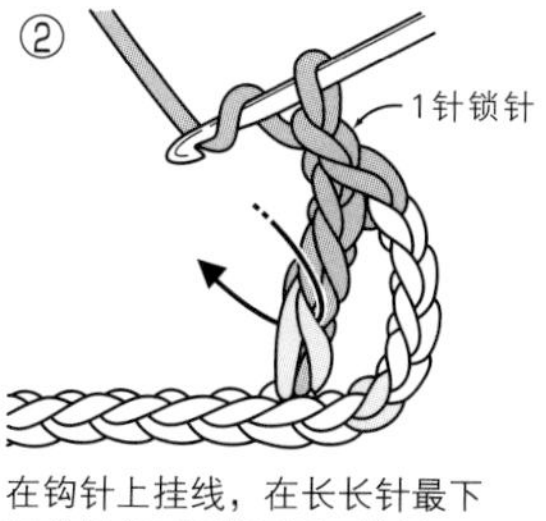

在钩针上挂线，在长长针最下面的根部2根线里插入钩针。

③

钩长针。

4

p.8

材料和工具

用线…Olympus Silk Bijou Scena 紫色、蓝绿色、米色的段染线（4）150g/6团

其他… 边长1.6cm的方形纽扣 3颗

钩针… 4/0号

成品尺寸

胸围103.5cm、长48.5cm、连肩袖长33.5cm

编织密度

花片 25cm×25cm

编织要领

花片在中心位置环形起针，钩12行，钩织一个正方形。接着，朝肩部方向按编织花样A钩13行。钩后身片时，将第2个织片放在右侧，然后钩网眼针在后中心与左身片连接。肩部将前后身片正面朝内对齐后钩方眼针进行连接。袖子从身片挑针后按编织花样B钩织。胁部和袖下连起来钩引拔针和锁针进行缝合。下摆按编织花样B钩织，前门襟和领口按边缘编织钩织。在左门襟缝上纽扣。

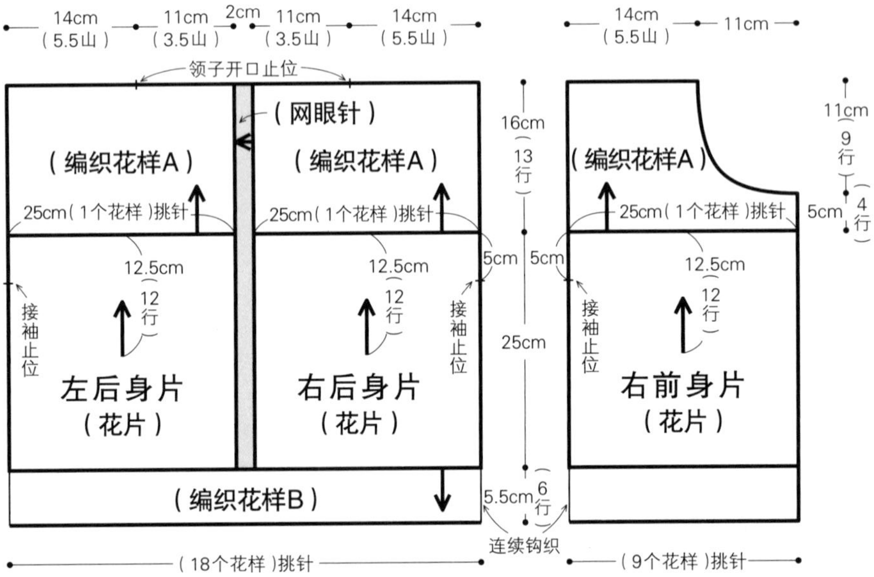

编织花样B 袖子

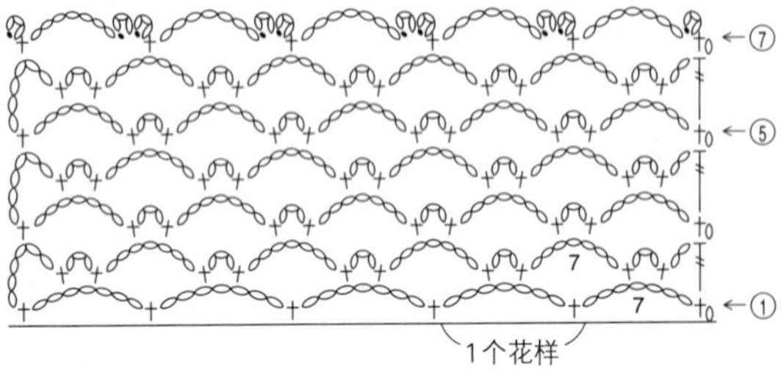

前门襟、领口（边缘编织）

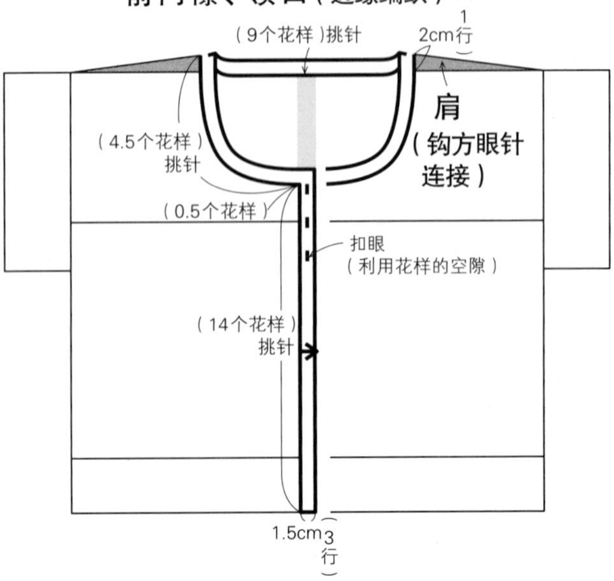

边缘编织

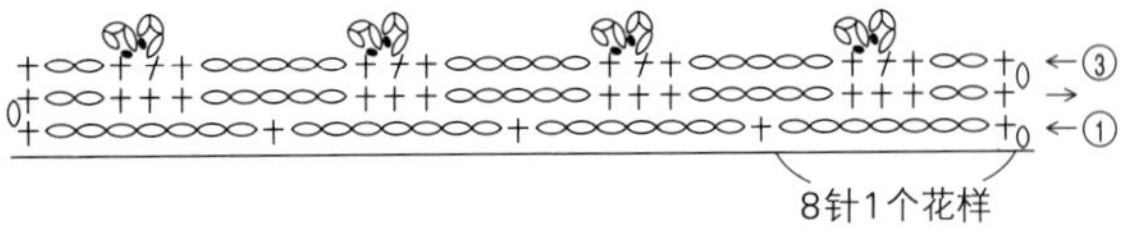

▷ = 接线

► = 断线

= 变化的4针长长针的枣形针

右前身片

花片和编织花样A

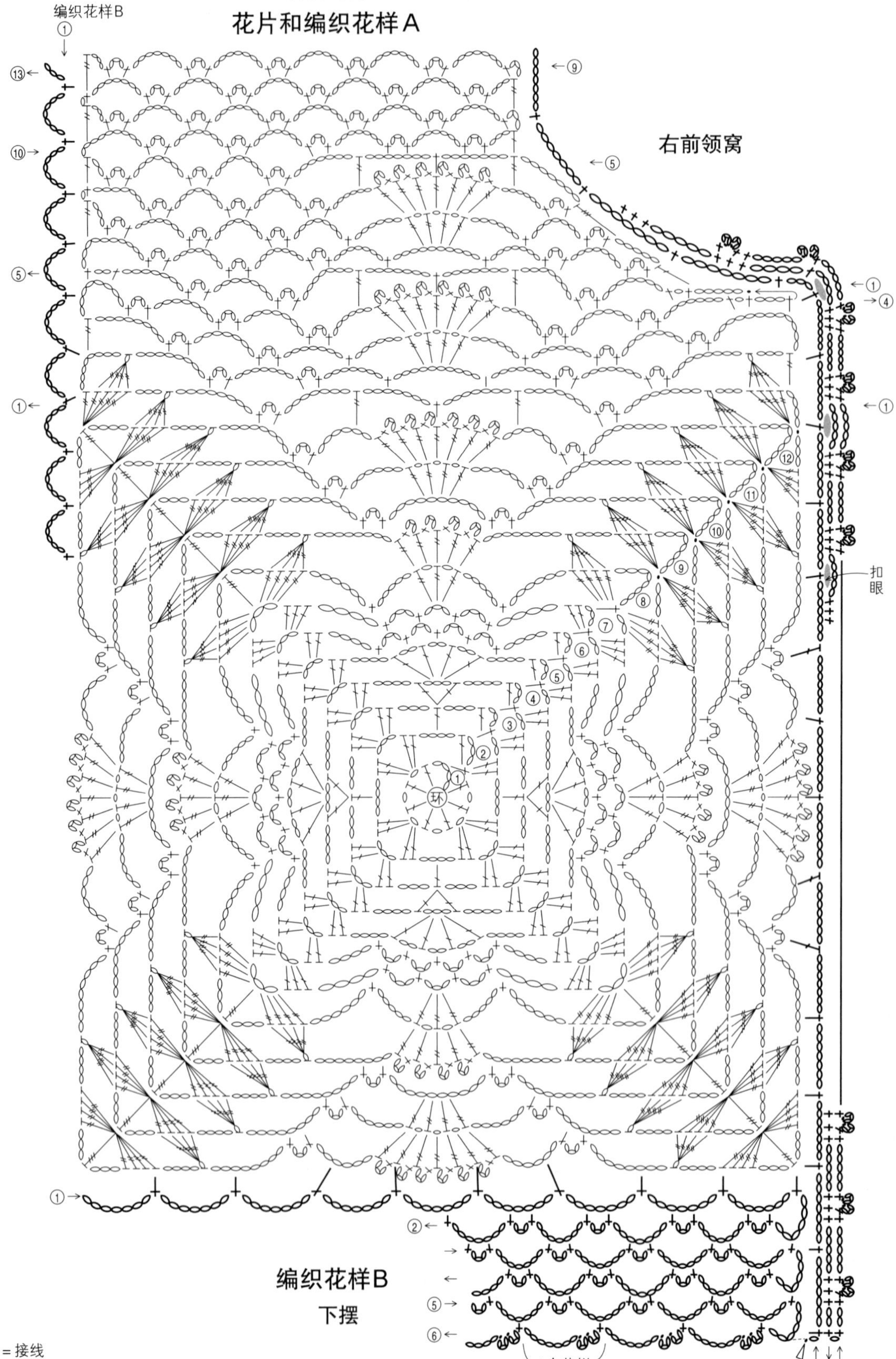

编织花样B

下摆

▷ = 接线
► = 断线
⌒ = 渡线

左前身片
连接肩部
左前领窝
编织花样B
编织花样B

6

p.12

材料和工具

用线…Olympus Diva 粉红色（103）300g/8团

钩针…3/0号

成品尺寸

胸围96cm、长61.5cm、连肩袖长30cm

编织密度

编织花样A 1个花样＝4.4cm、13行＝10cm，编织花样B 1个花样＝4.4cm、10行＝10cm

编织要领

身片在胸部的切换位置钩锁针起针，连接成环形，然后在锁针的里山挑针，交替钩织编织花样A'和B，一直钩至下摆的A"。身片上部分从起针针目挑针，按编织花样A环形钩织6行至袖下，接着钩12针锁针作为左袖下的起针针目，右袖下在另一侧的肋部接线钩12针锁针备用。先钩织前身片至肩部。后身片从袖下的起针针目和身片下部分钩上来的针目上挑针钩织。肩部将前后身片正面朝内对齐后钩引拔针和锁针进行连接。领口和袖口分别挑针后环形钩织边缘。

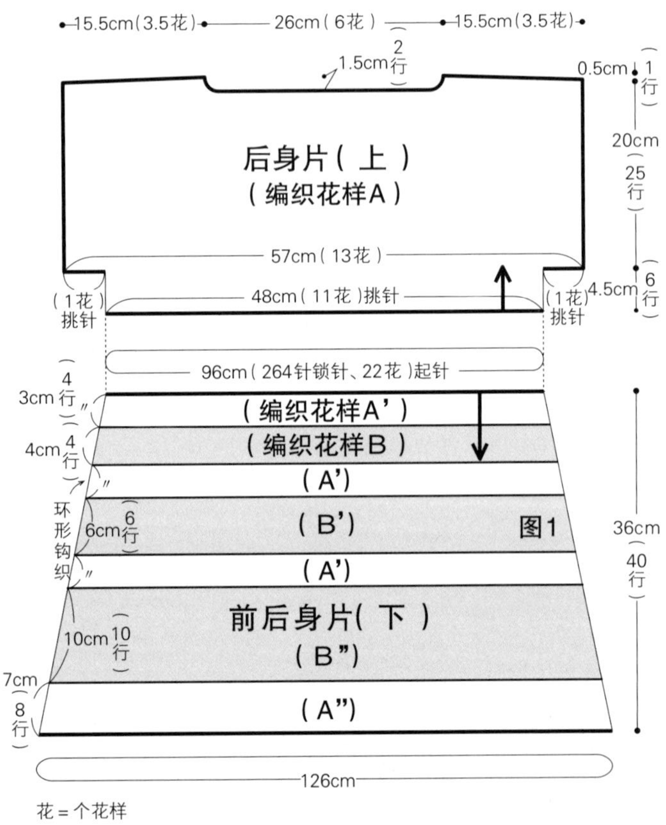

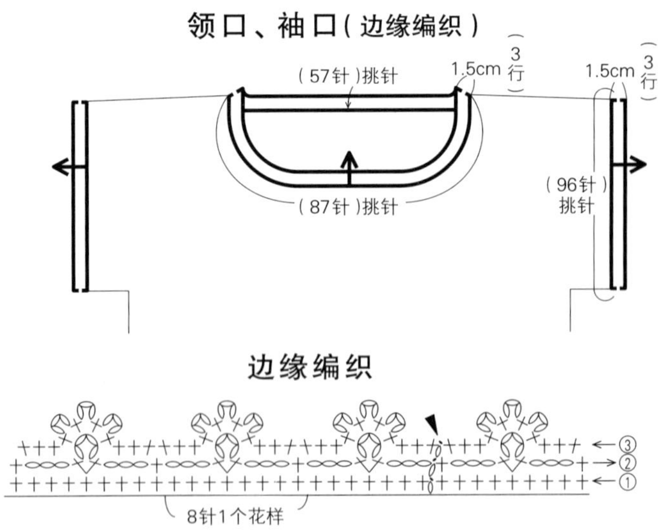

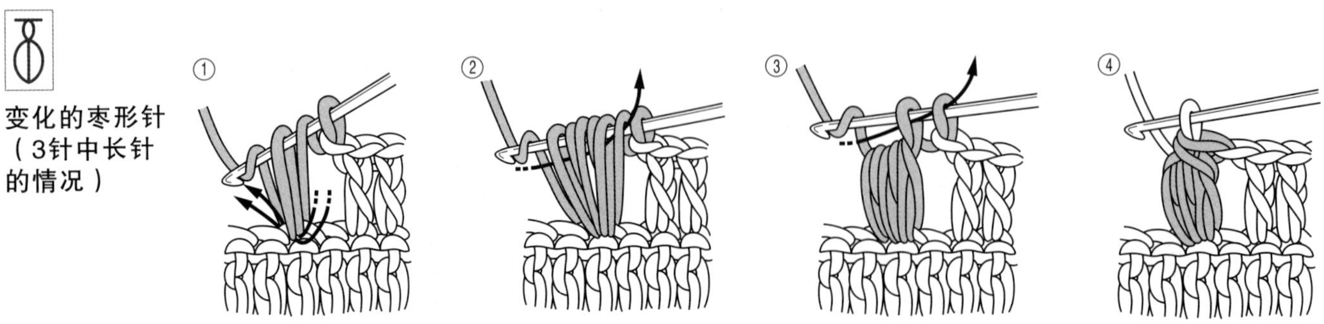

① 在钩针上挂线，在1个针目里钩3针未完成的中长针。

② 在钩针上挂线，一次引拔穿过钩针上的6个线圈。

③ 在钩针上挂线，引拔穿过剩下的线圈。

④ 收紧针目头部，完成。

编织花样

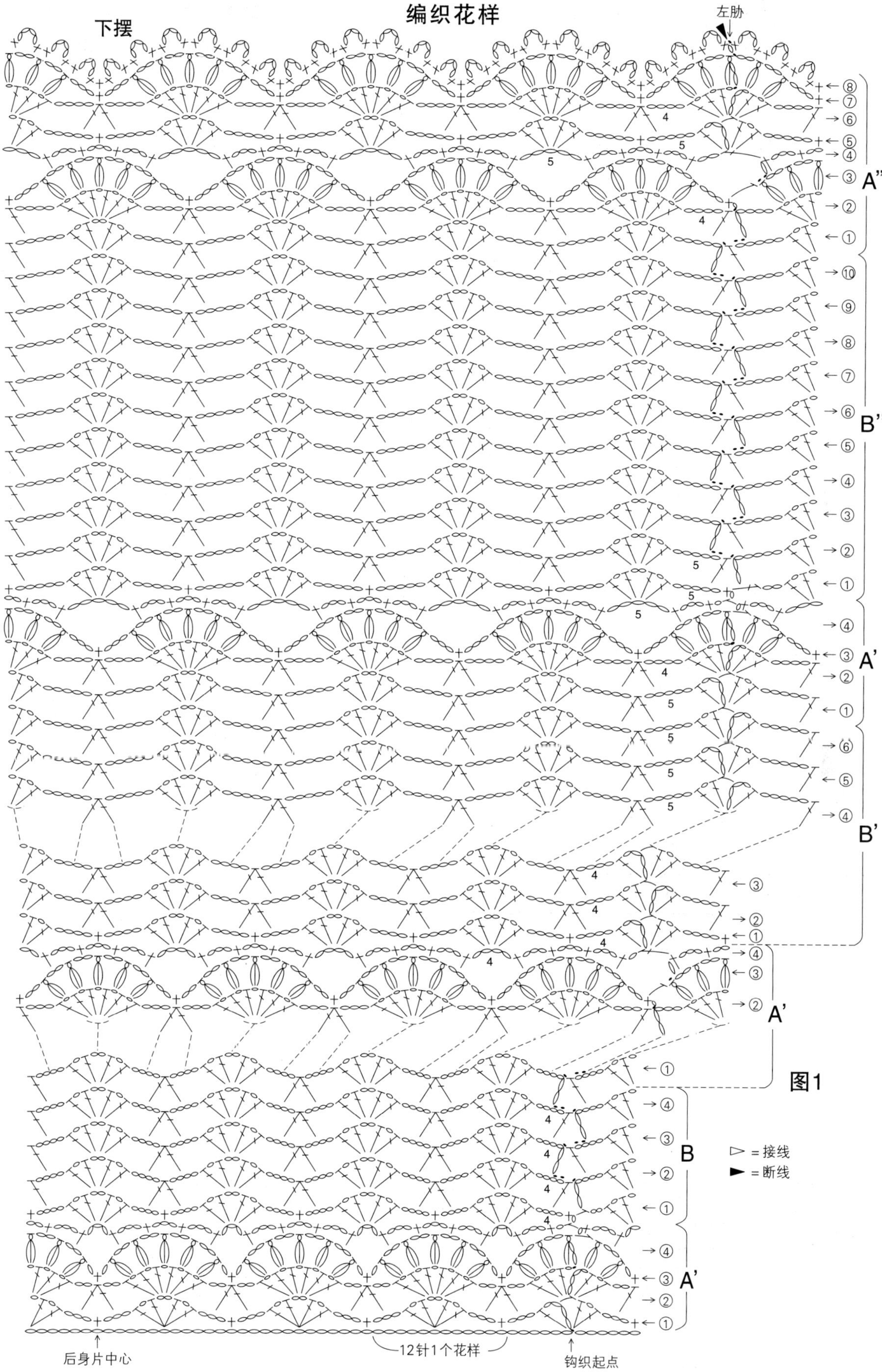

编织花样A

※从编织花样A'挑针，按往返编织的方式环形钩织6行，从袖下开始前后身片分开来钩织

▷ = 接线
▶ = 断线
⌒ = 渡线

后身片

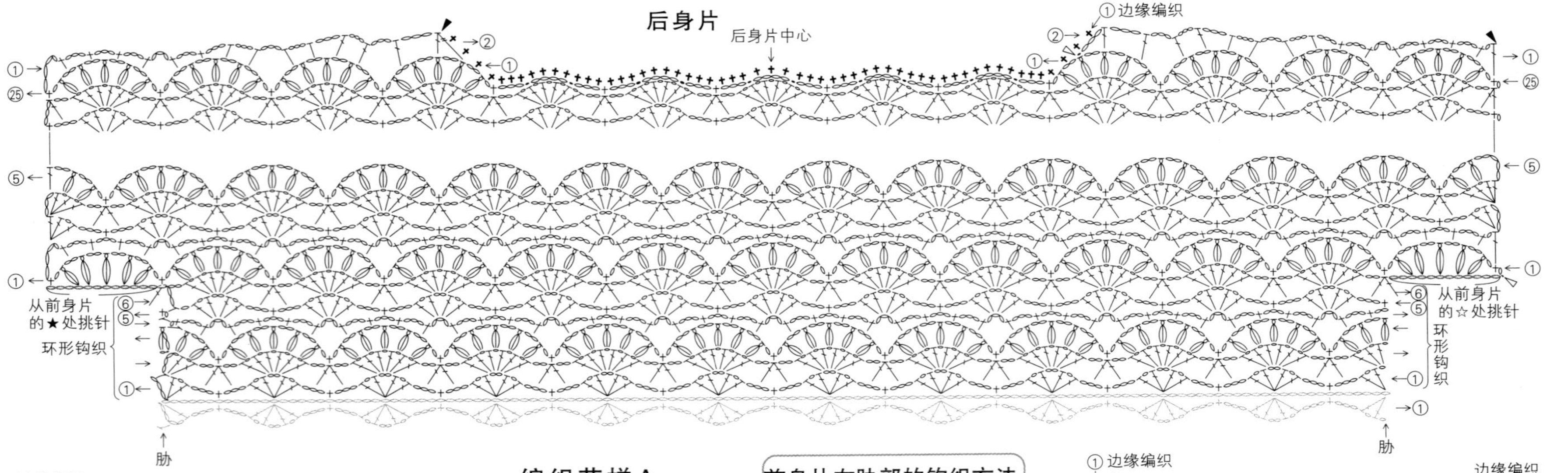

前身片

5

p.11

材料和工具

用线…Olympus Silk Bijou Scena 粉红色、淡蓝色、米色的段染线(1) 285g/12团

其他… 直径1.5cm 的纽扣 3颗

钩针… 4/0 号

成品尺寸

胸围98.5cm、长53.5cm、连肩袖长54.5cm

编织密度

10cm×10cm面积内：编织花样A 29针、10行，编织花样B 29针、12行

编织要领

身片在后身片中心起针，在锁针的里山和半针里挑针，按编织花样A从右后身片开始钩织，钩至第6行后休针。右前身片钩至第6行后，钩引拔针将刚才休针的后身片与前身片连接在一起，断线。从第7行开始，前后身片连起来钩织。按编织花样B钩至肋部后断线，再在袖子的钩织起点位置接线，钩织袖子。左后身片一边钩锁针起针，一边在右后身片的起针针目里钩引拔针连接，钩6行后休针。左前身片钩6行后，与左后身片连接，断线。从第7行开始，按右身片相同要领继续钩至袖子。肋部和袖下钩引拔针和锁针进行连接和缝合。下摆、前门襟和领子连起来钩织边缘。袖口环形钩织边缘。

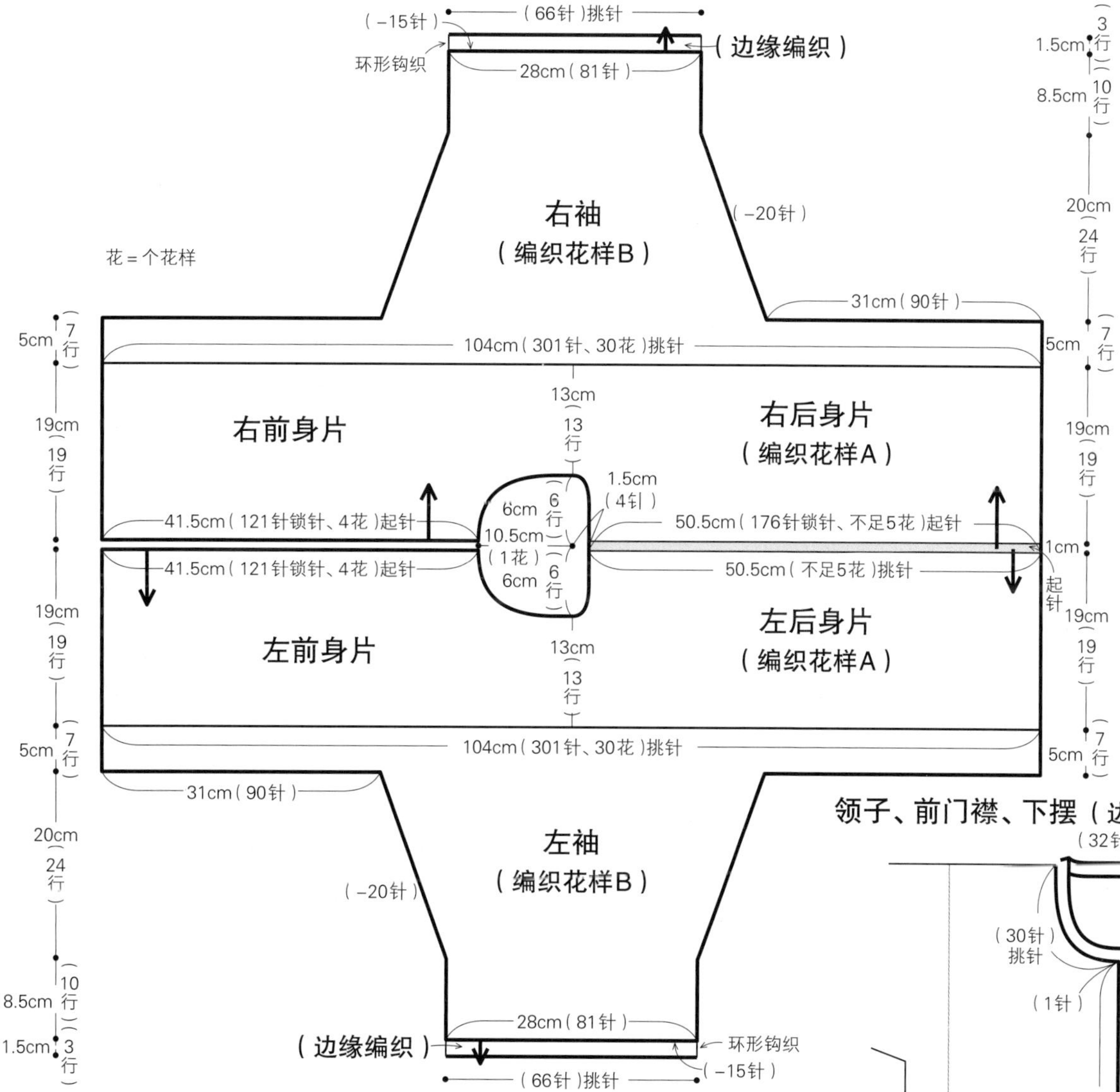

编织花样B

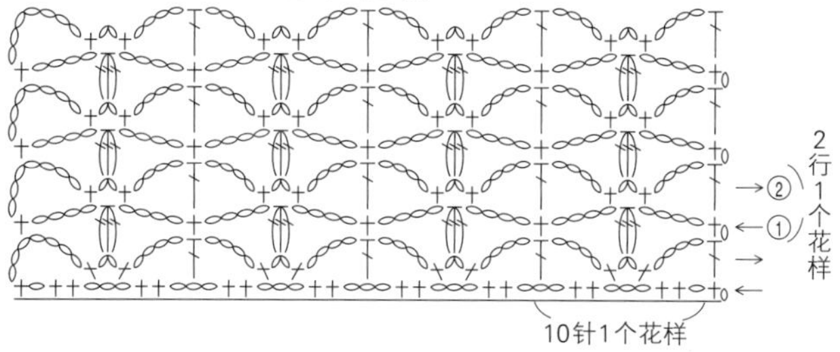

领子、前门襟、下摆(边缘编织)

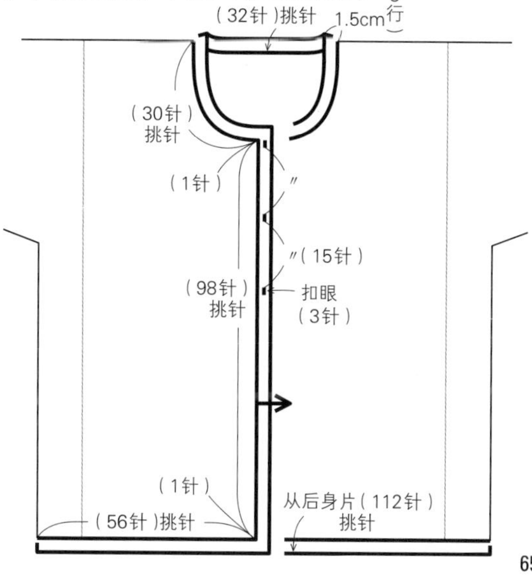

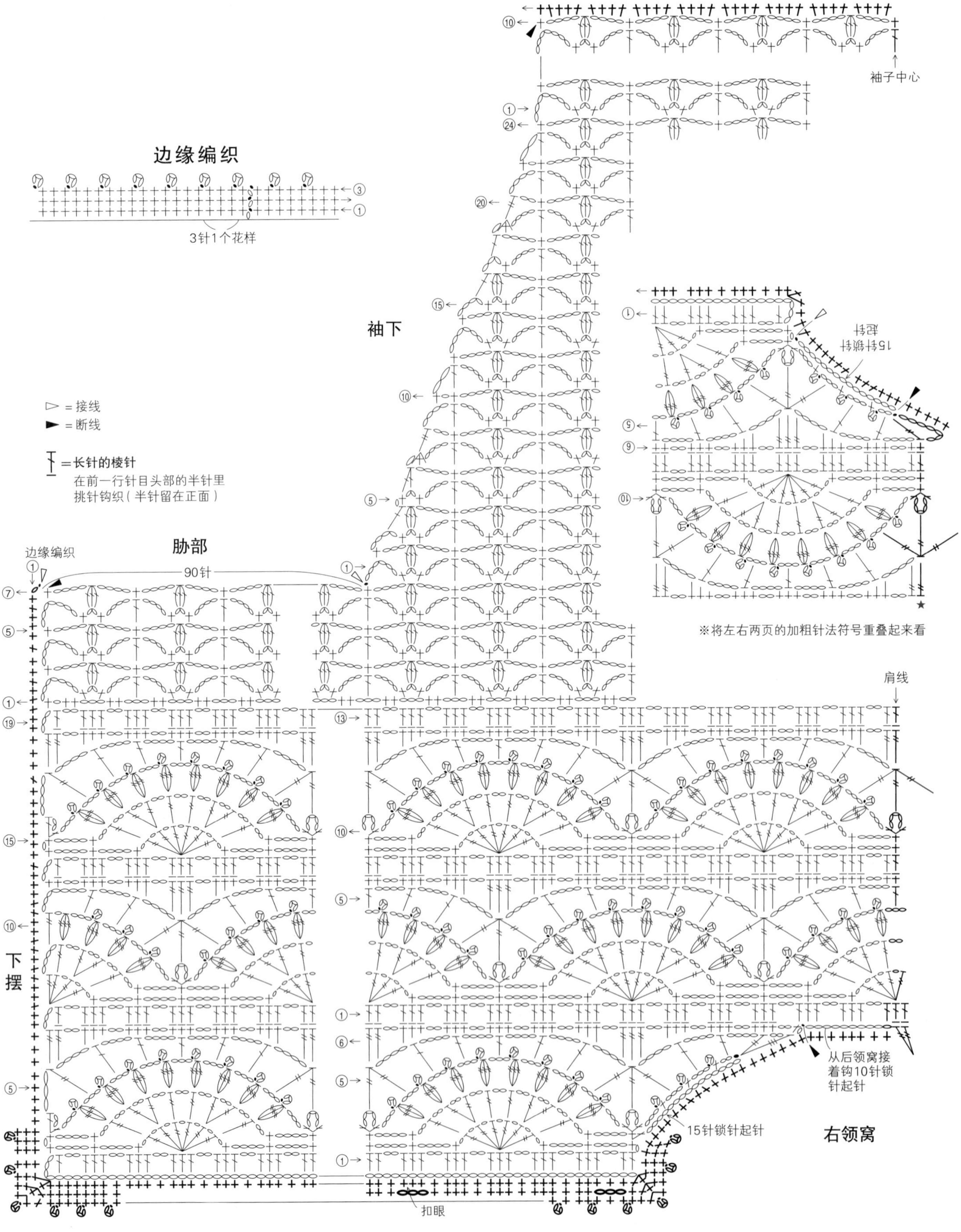

边缘编织
3针1个花样
袖子中心
袖下
15针锁针起针
※将左右两页的加粗针法符号重叠起来看
▷＝接线
▶＝断线
＝长针的棱针
在前一行针目头部的半针里
挑针钩织（半针留在正面）
边缘编织
胁部
90针
肩线
下摆
从后领窝接着钩10针锁针起针
15针锁针起针
右领窝
扣眼

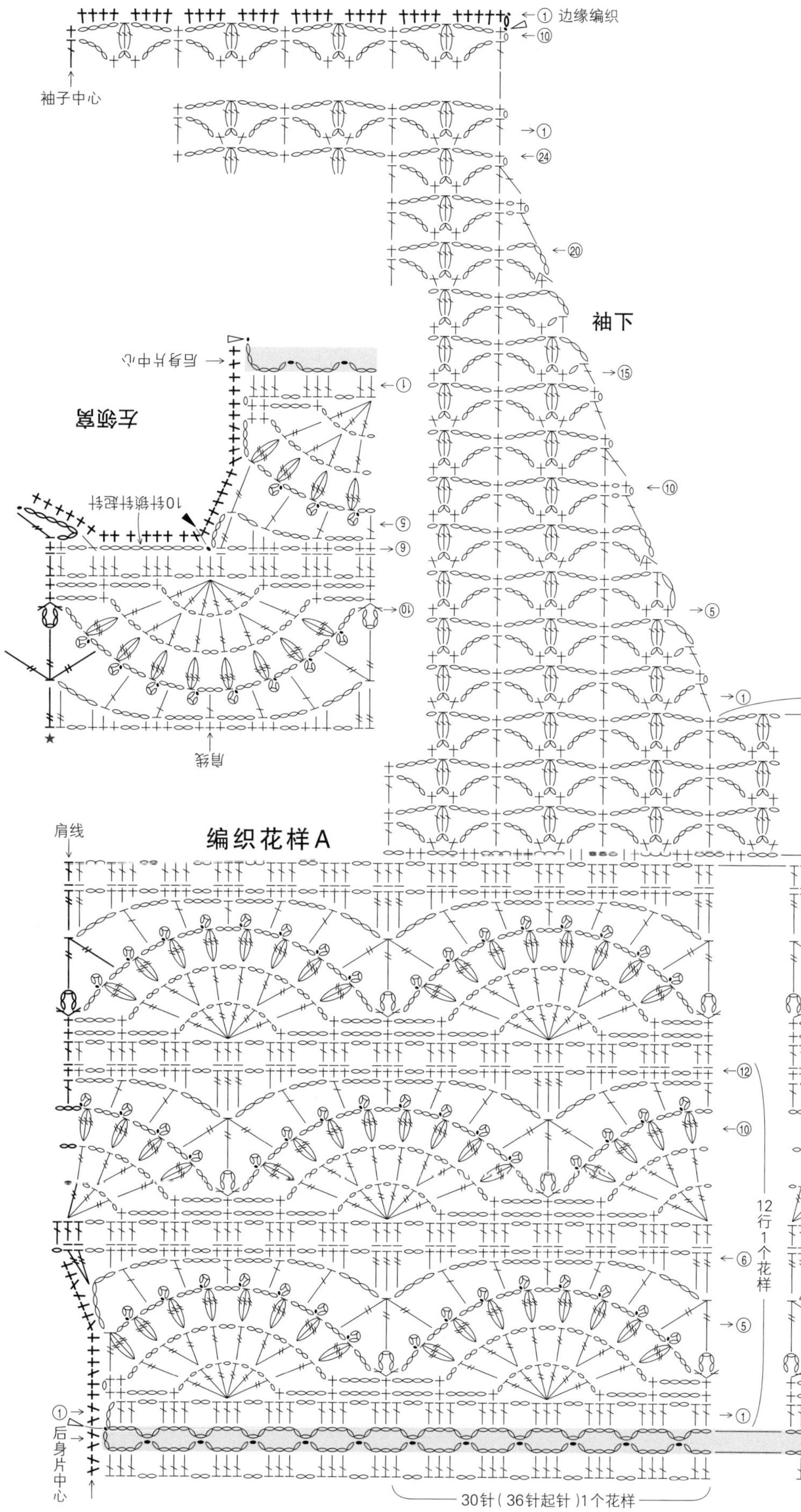
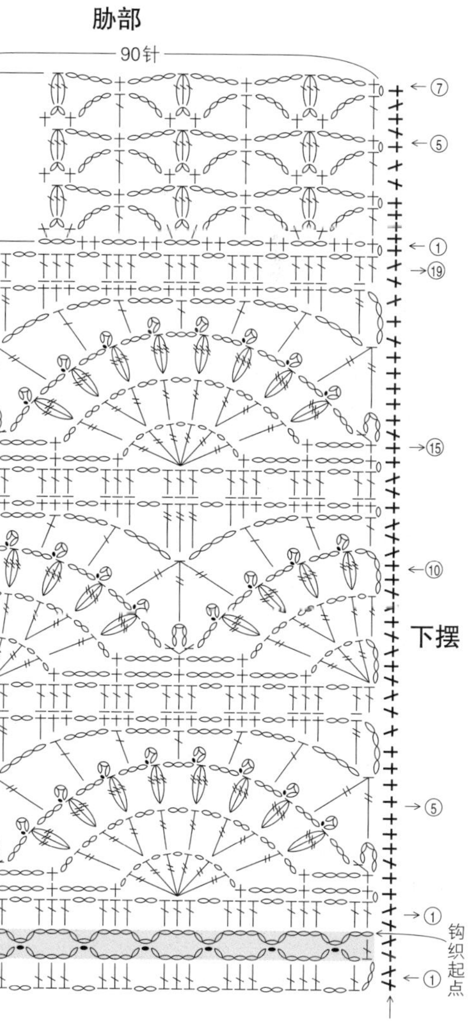

渡线

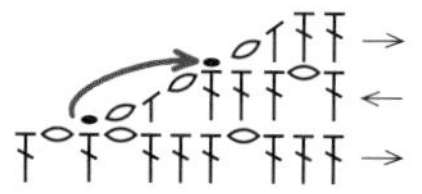

①

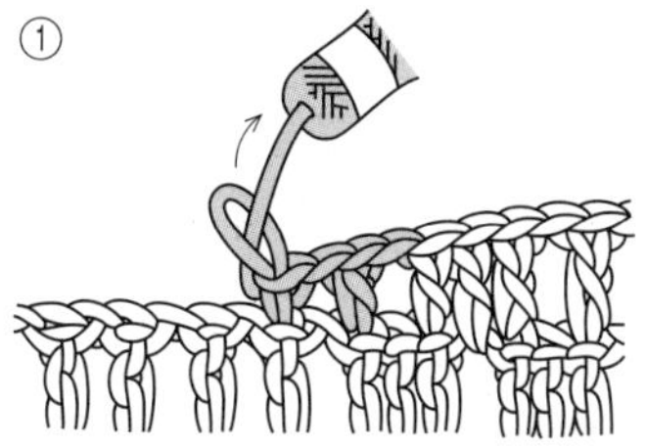

在行末，将钩针上的针目拉长，穿过线团，拉线收紧。

②

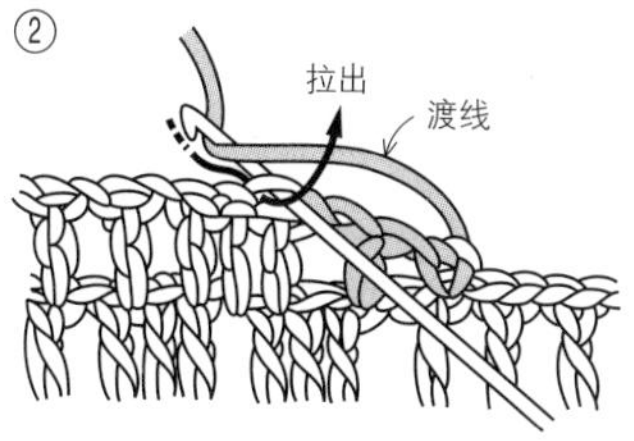

往前翻转织片，钩织下一行。从指定位置将线拉出，继续钩织。

7

p.13

材料和工具

用线…Olympus Diva 藏青色（105）260g/7团

其他… 直径1.5cm的纽扣 3颗

钩针… 3/0号

成品尺寸

胸围97.5cm、长48.5cm、连肩袖长30cm

编织密度

编织花样A 1个花样＝4.4cm、13行＝10cm，编织花样B 1个花样＝4.4cm、10行＝10cm

编织要领

身片在胸部的切换位置钩锁针起针，在锁针的里山挑针，前后身片连起来交替钩织编织花样A’和B，一直钩至下摆的编织花样A”。身片上部分从起针针目挑针，前后身片连起来按编织花样A钩织6行至袖下，休针。接着，在左前身片的左肋部接线，钩12针锁针作为袖下的起针针目，继续钩至肩部。然后再在后身片的右肋部接线，钩12针锁针作为右袖下的起针针目，左袖下从左前身片的起针针目挑针后钩织。钩织右前身片。肩部将前后身片正面朝内对齐后钩引拔针和锁针进行连接。前门襟和领子连起来按边缘编织A钩织，袖口按边缘编织A环形钩织。下摆按边缘编织B钩织。在左门襟缝上纽扣。

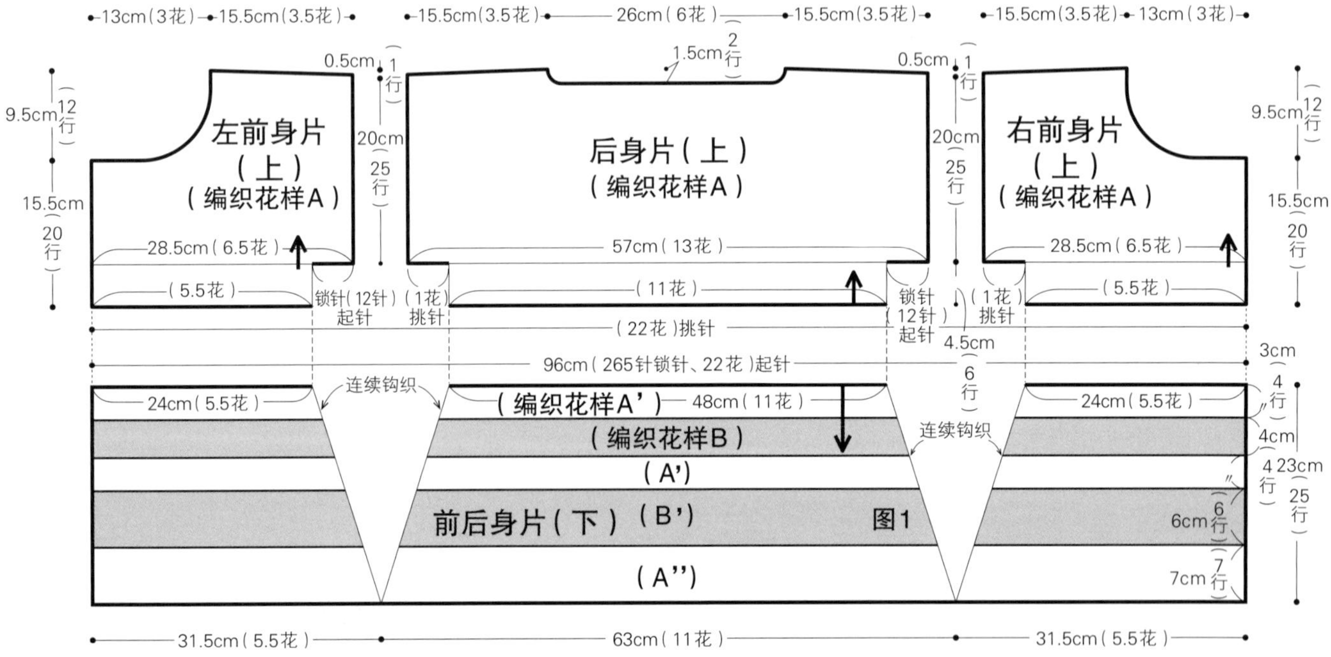

花＝个花样

领子、前门襟、袖口（边缘编织A）

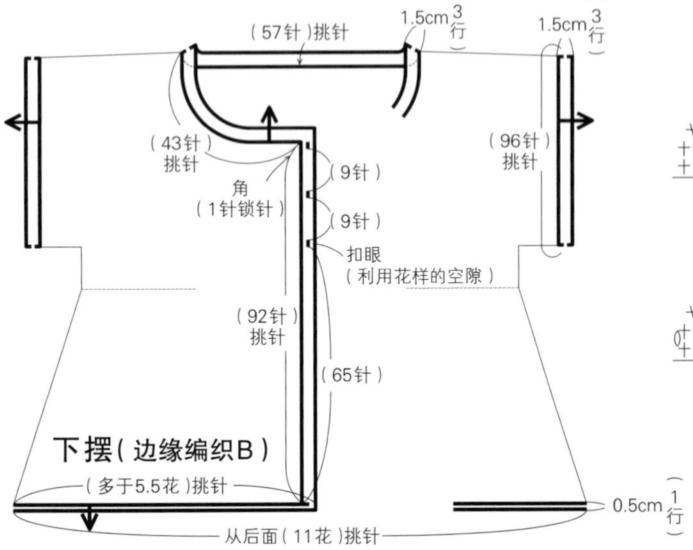

边缘编织A 袖口

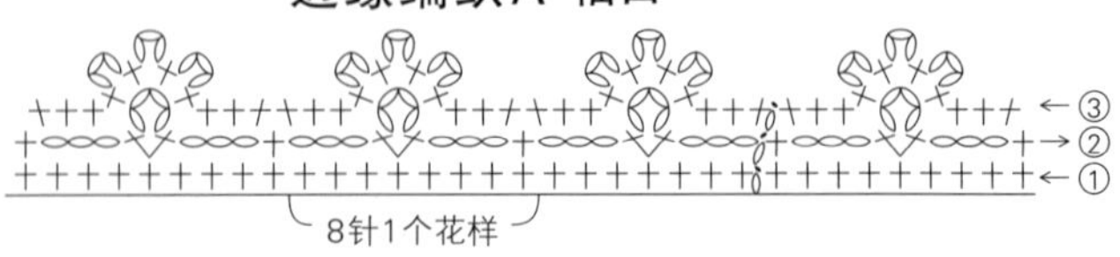

前门襟、领子

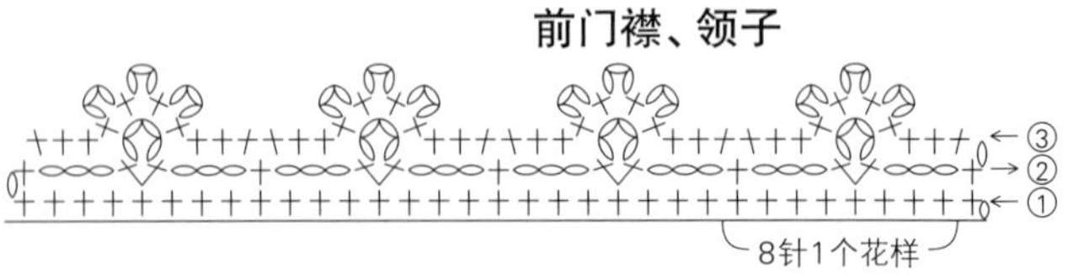

下摆 编织花样

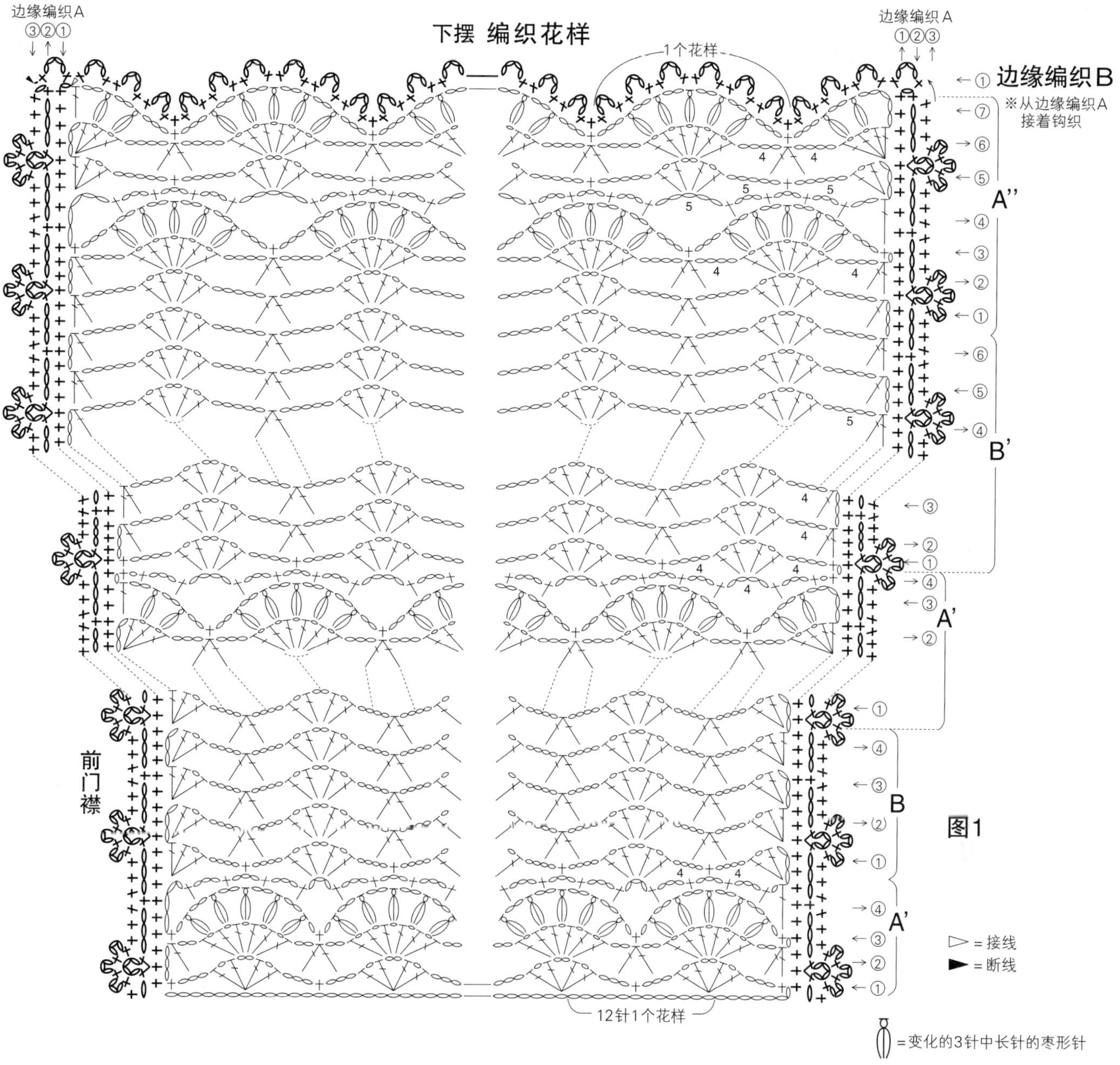

短针的反拉针

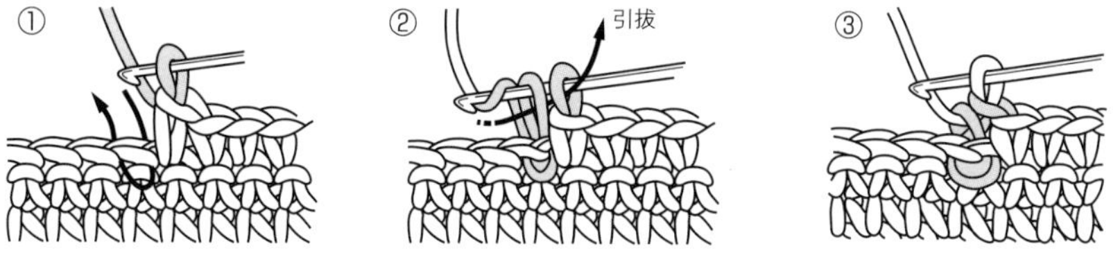

① 如箭头所示从反面插入钩针，挑取前一行针目的根部。

② 在钩针上挂线，将线圈拉出至后面。再在钩针上挂线后引拔。

③ 1针完成。

编织花样A

右前身片

后身片

※后领窝的钩织方法与p.62的作品6的处理方法相同

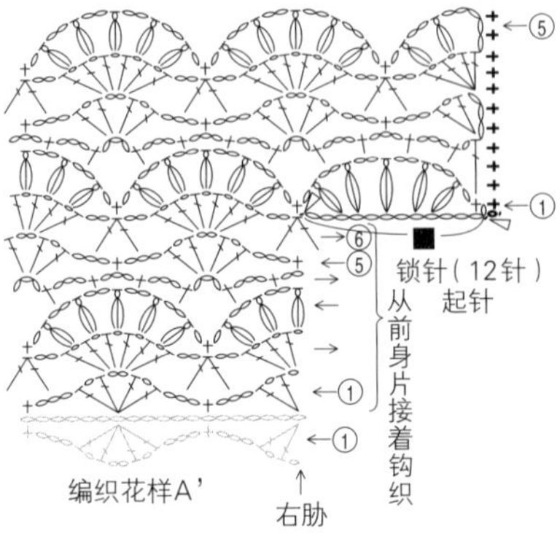

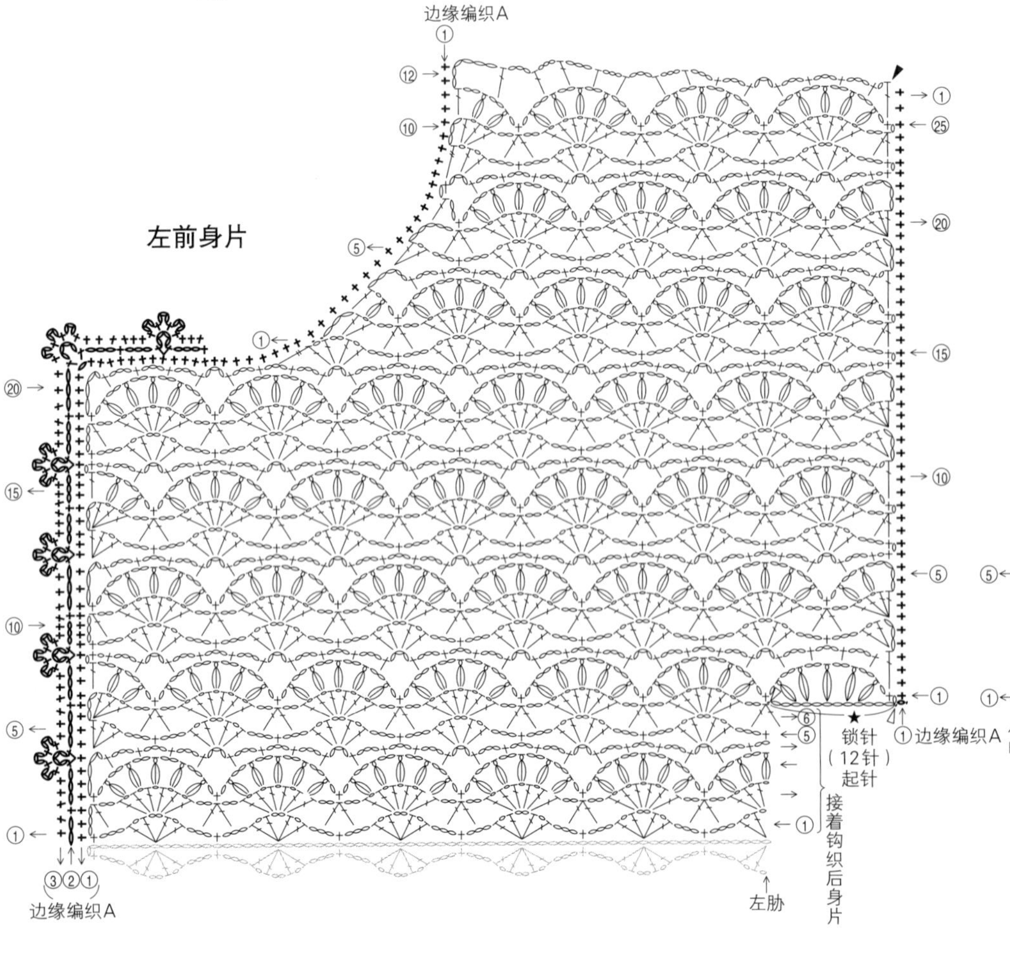

▷ = 接线

▶ = 断线

⌒ = 渡线

左前身片

后身片

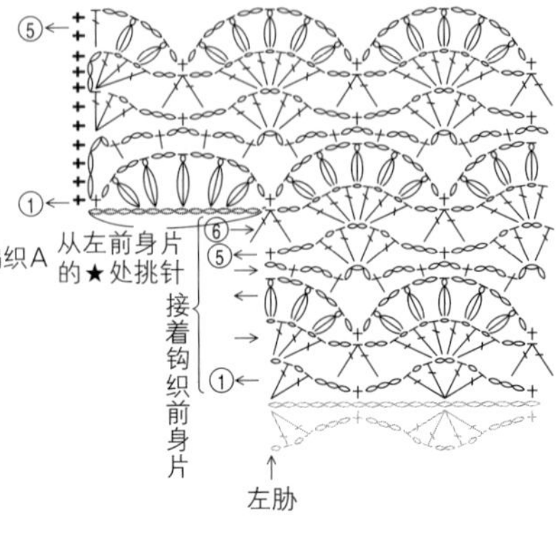

10

p.16

材料和工具

用线···Olympus Emmy Grande <House>

浅茶色（H22）210g/9团

其他··· 直径1.5cm的纽扣 6颗

钩针··· 3/0号

成品尺寸

胸围94cm、长53.5cm、连肩袖长24.5cm

编织密度

编织花样第5行的直径＝12cm

编织要领

后身片在中心位置钩6针锁针，连接成环形起针，然后环形钩织23行，断线。分别在下摆的左右衣角、上面的肩部和领窝重新接线钩织，调整形状。右前身片环形起针，一边钩出领窝，一边呈半圆形钩织23行后断线，重新接线钩织下摆衣角和肩部。左前身片与右前身片呈对称状钩织。肩部和胁部将前后身片正面朝内对齐后钩短针和锁针进行连接和缝合。按边缘编织A钩织下摆。领子按边缘编织A钩织，前门襟按边缘编织B钩织，在右门襟钩出扣眼。袖口按边缘编织A环形钩织。

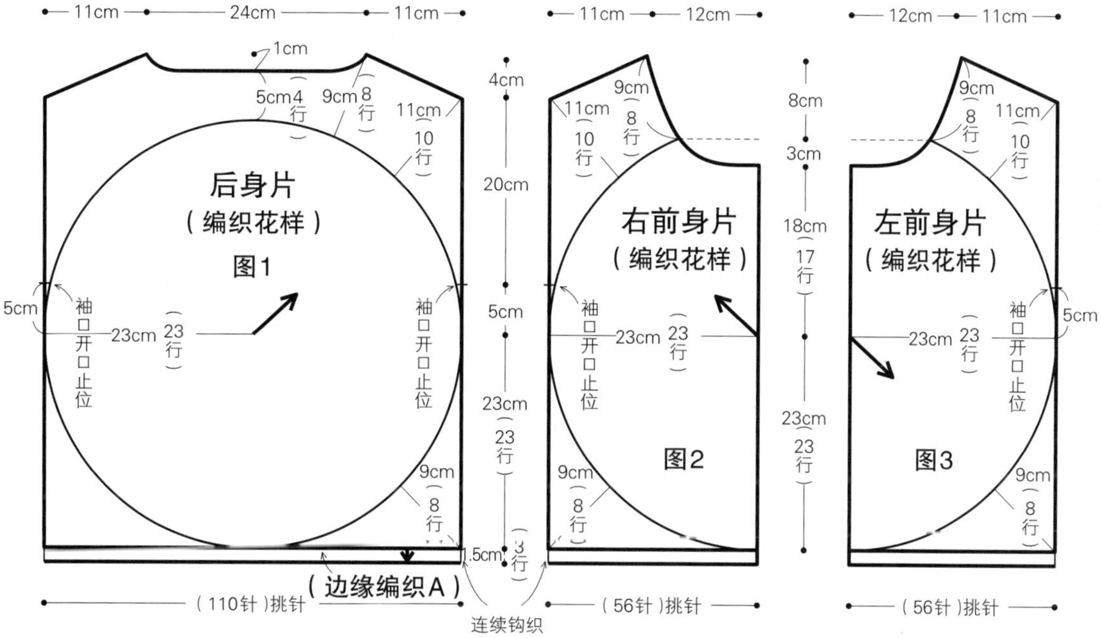

领子、袖口（边缘编织A）

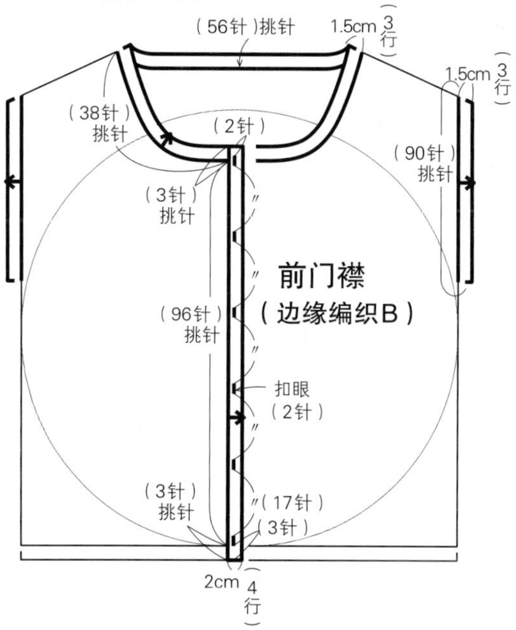

边缘编织A 下摆、领子

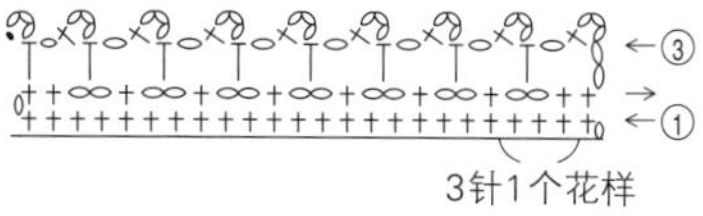

袖口

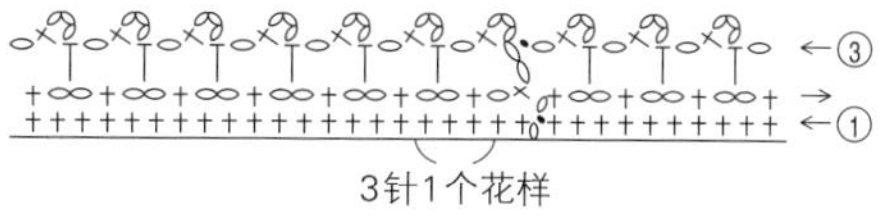

边缘编织B和扣眼 右前门襟

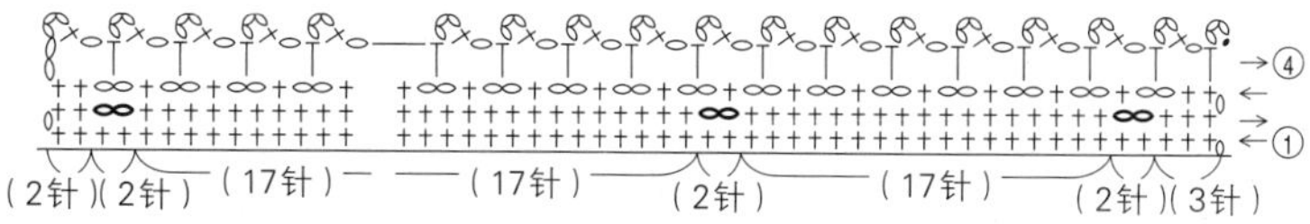

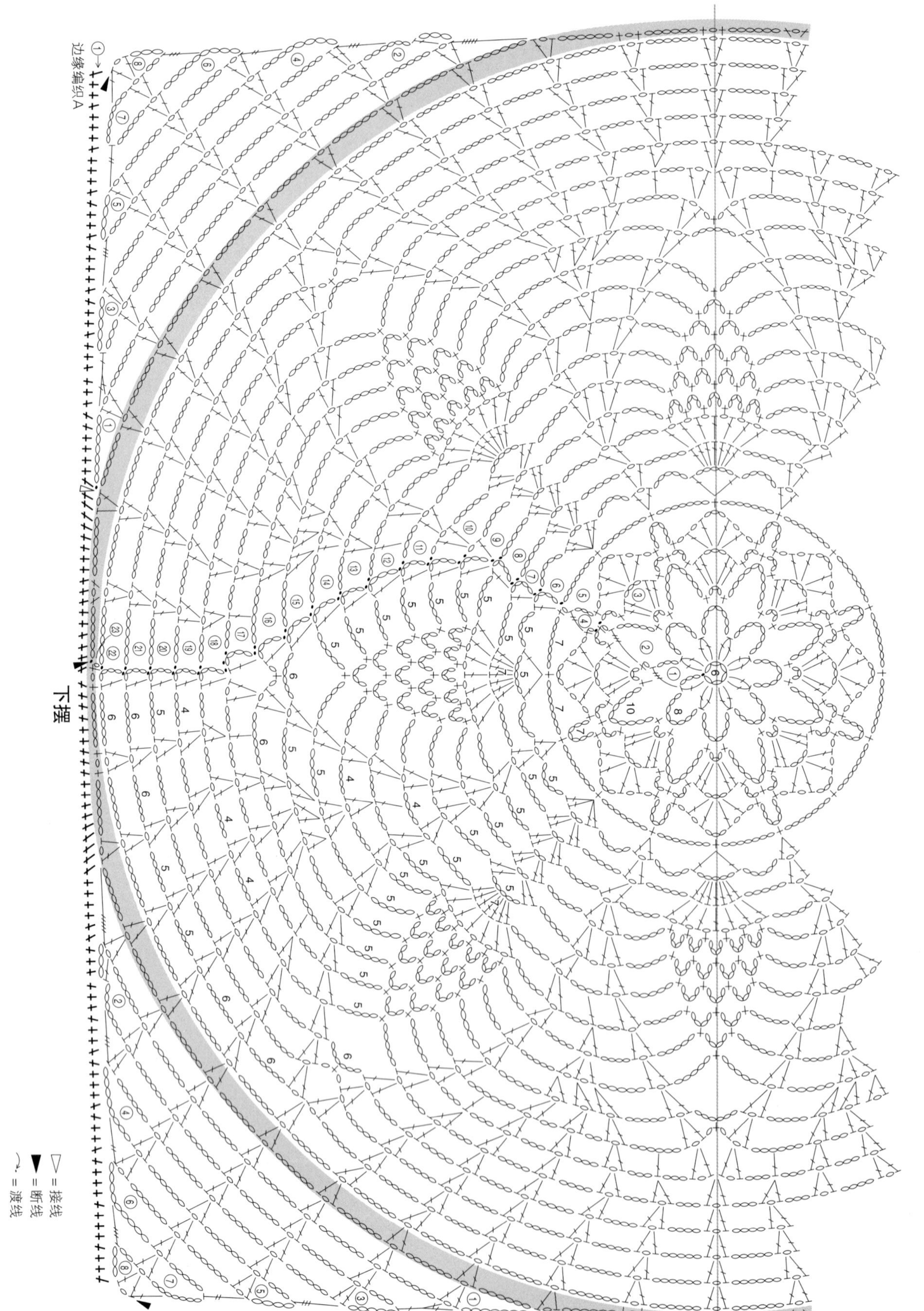

边缘编织A
下摆
▷=接线
▼=断线
↷=渡线
将左右两页的直线重叠起来看

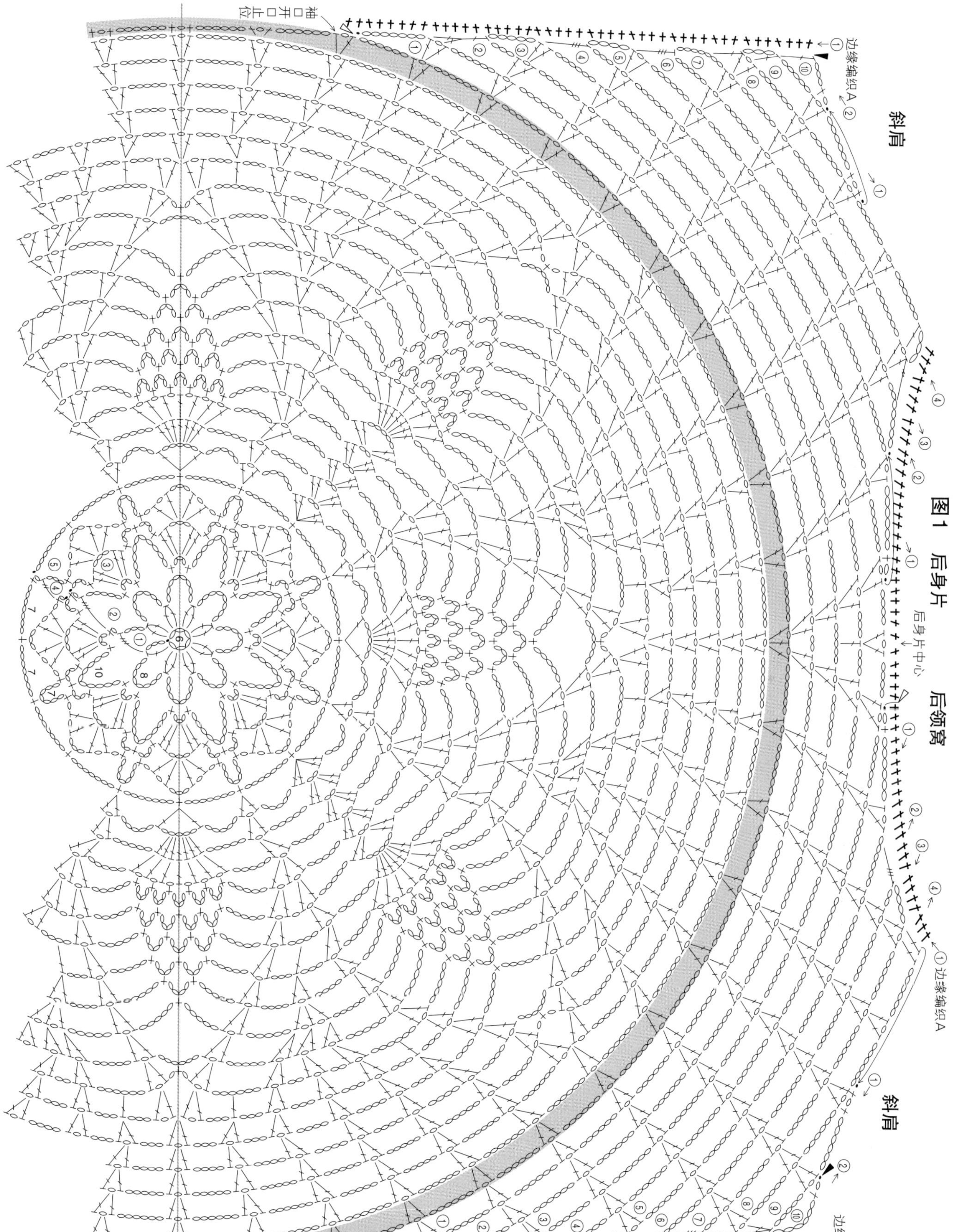

图1 后身片

图2　右前身片

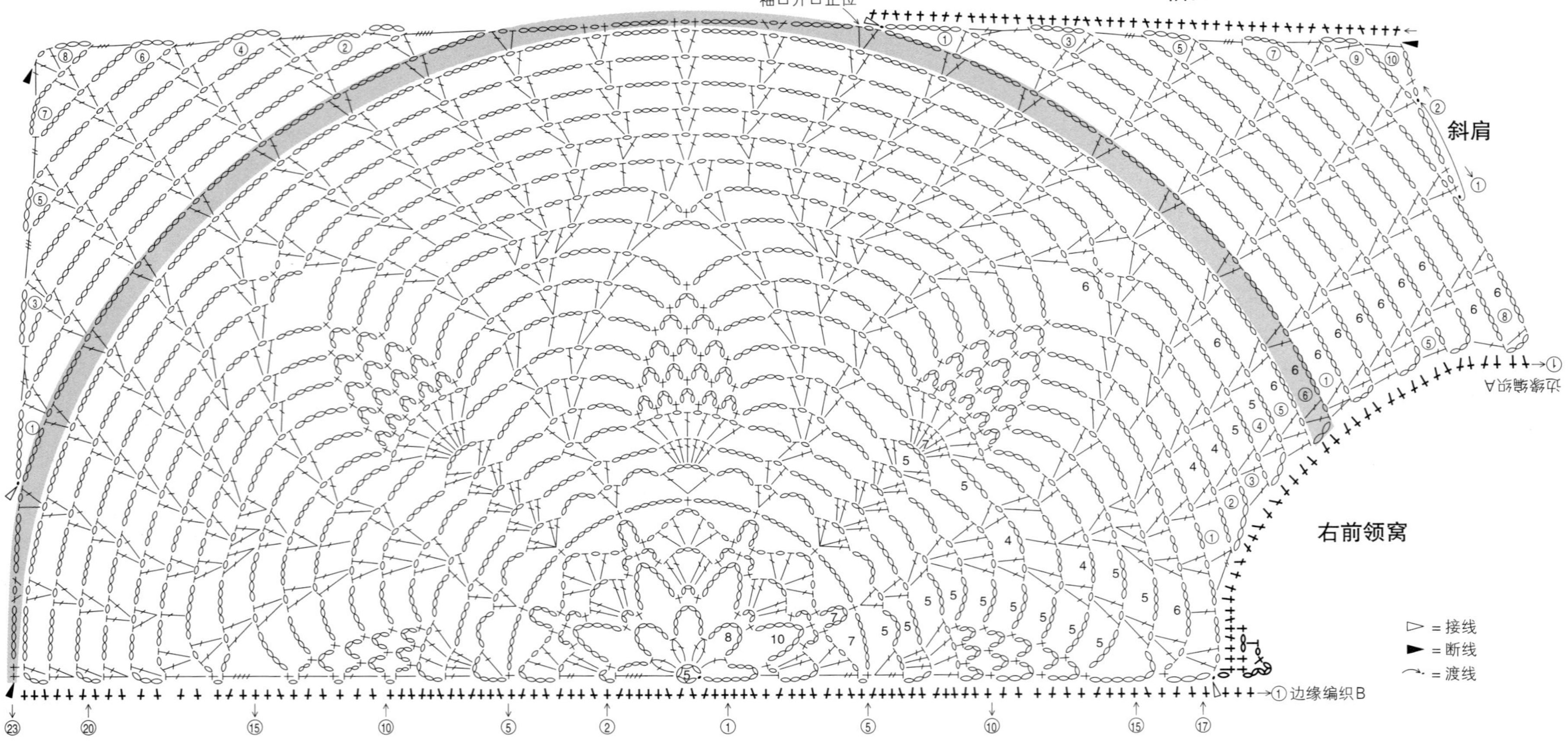

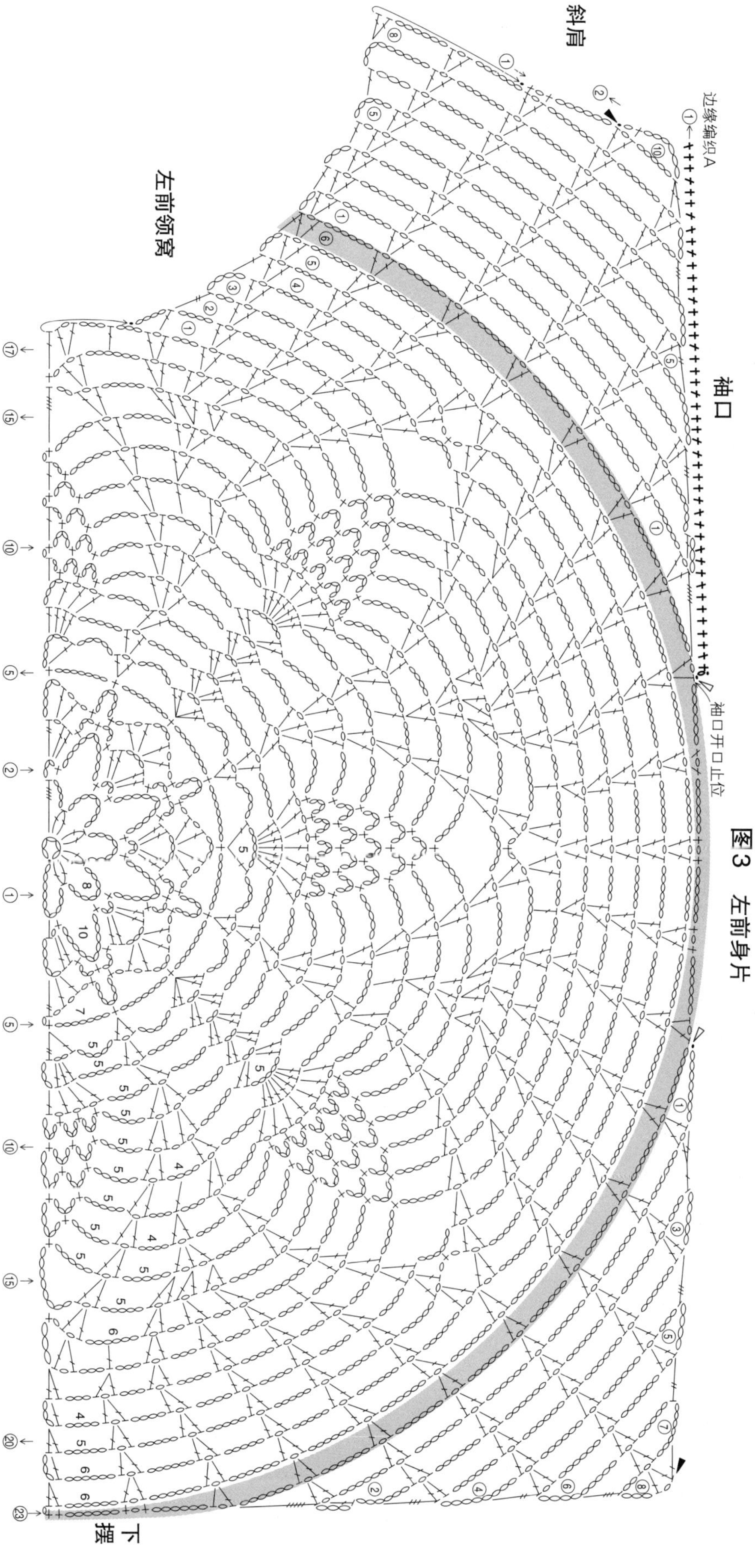

图3 左前身片

 倒Y字针

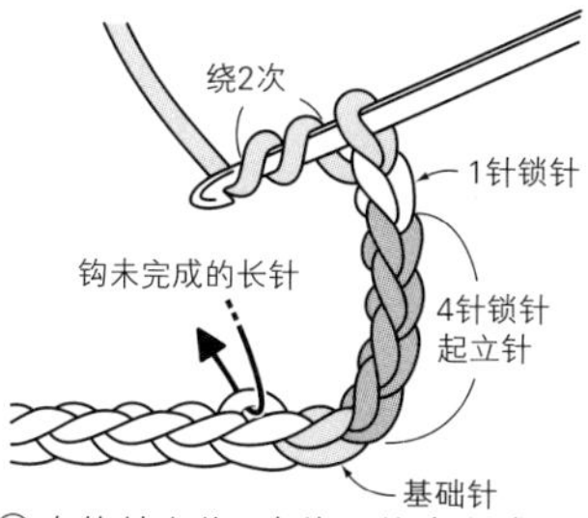

① 在钩针上绕2次线，钩未完成的长针。

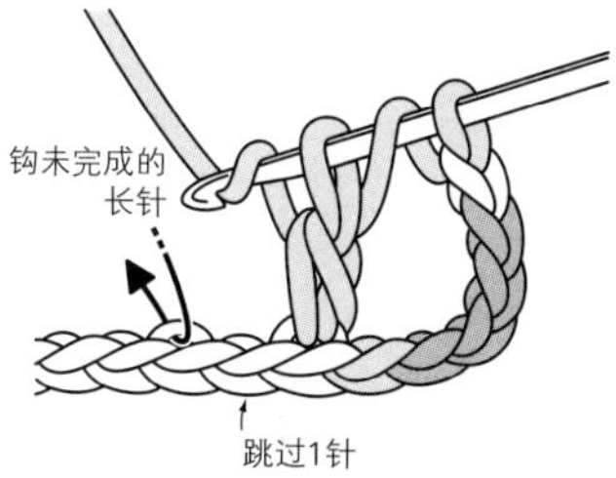

② 在钩针上挂线，钩未完成的长针。

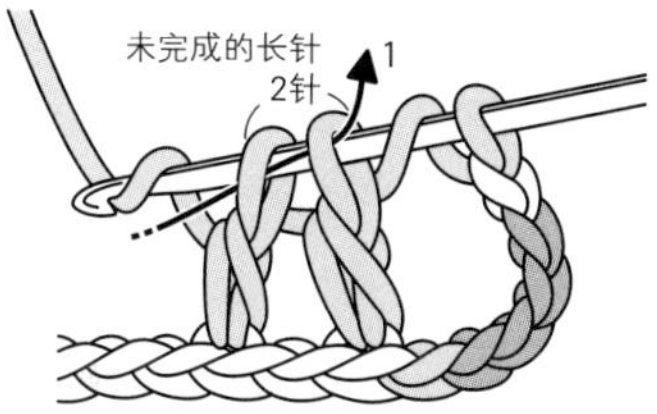

③ 在钩针上挂线，引拔穿过钩针上的2个线圈。

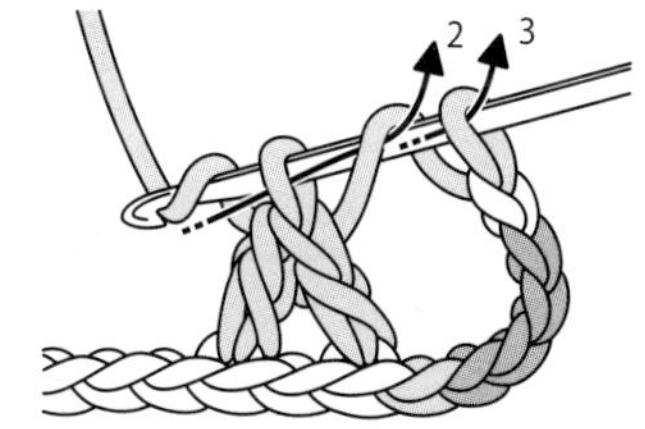

④ 在钩针上挂线，引拔穿过钩针上的2个线圈。再次在钩针上挂线，引拔穿过钩针上的2个线圈。

⑤ 完成。

8

p.14

材料和工具

用线…Olympus Diva 黑色(106) 195g/5团

钩针…4/0号

成品尺寸

胸围98cm、长55cm、连肩袖长26cm

编织密度

编织花样 1个花样 14针=7cm、9行=10cm

编织要领

身片在肩部起针，在锁针的里山挑针，按编织花样钩织。无须加、减针，钩至下摆的边缘编织A'。再钩1个相同的身片。肩部将前后身片的正面对齐后做卷针缝缝合。胁部正面朝内对齐后钩引拔针和锁针进行接合。领口和袖口分别按边缘编织A和B环形钩织。

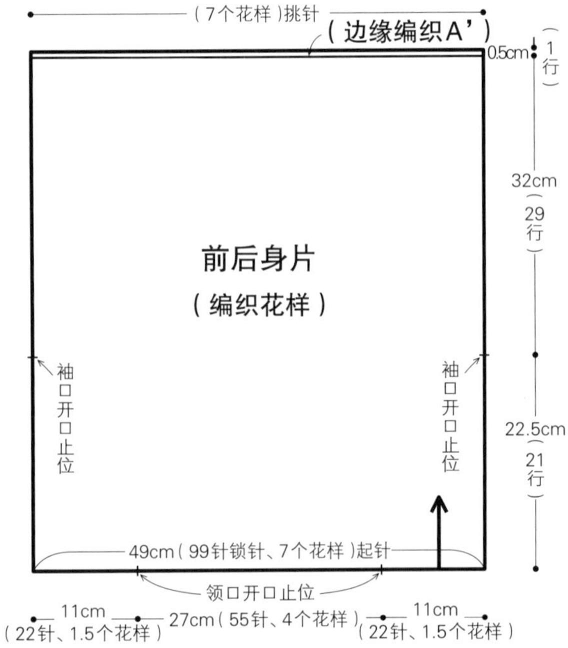

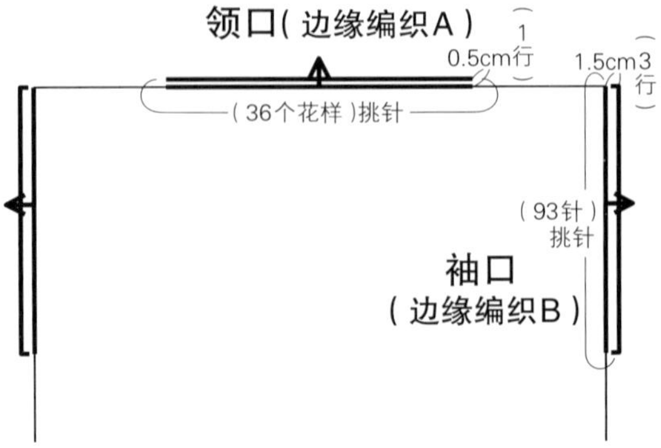

边缘编织B

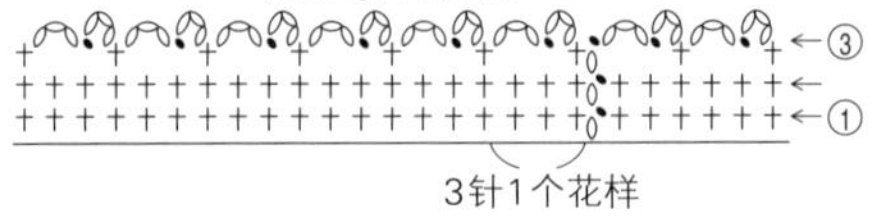

3针长针的枣形针

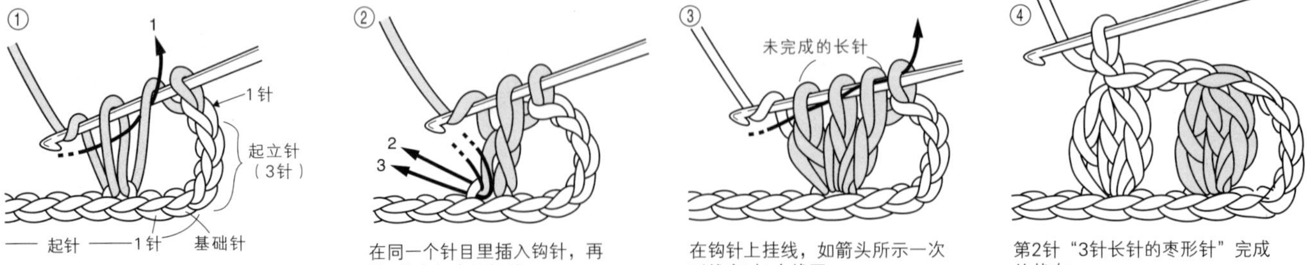

起立针是3针(锁针)。首先，钩1针未完成的长针。

在同一个针目里插入钩针，再钩2针未完成的长针。

在钩针上挂线，如箭头所示一次引拔穿过4个线圈。

第2针“3针长针的枣形针”完成的状态。

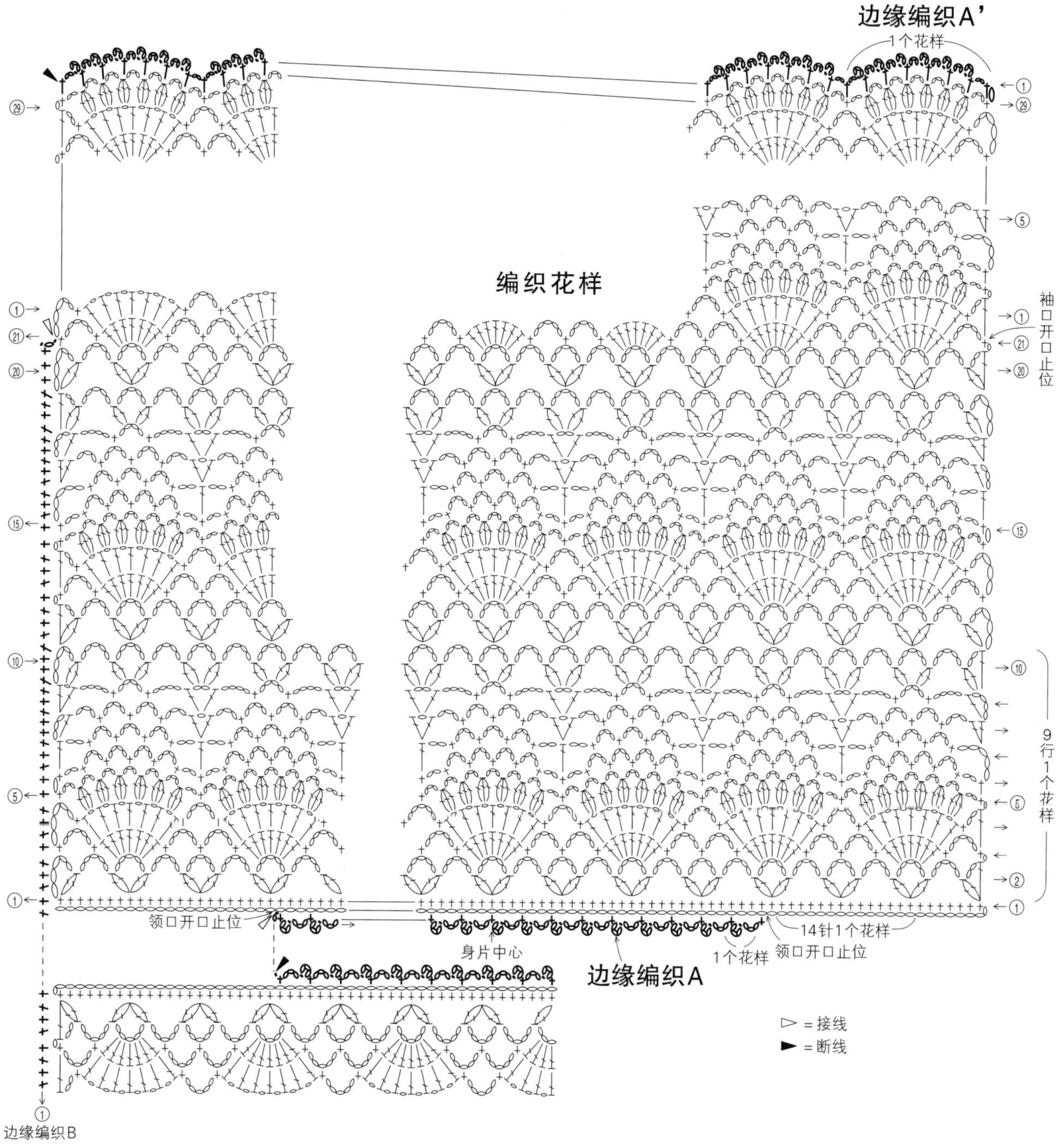

5针长针的爆米花针

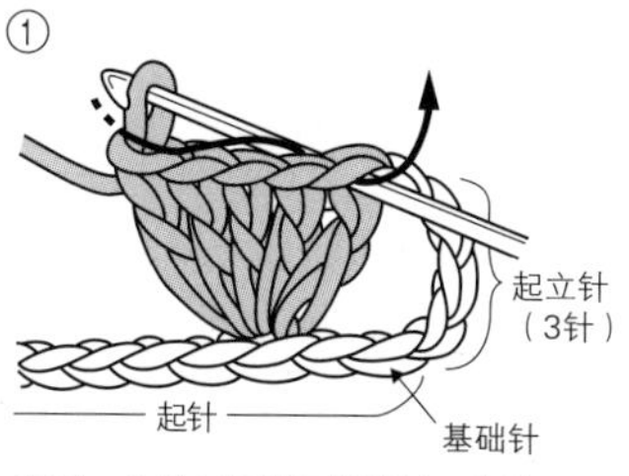

在同一个针目里钩5针长针，先取下钩针，再如图所示重新插入钩针。

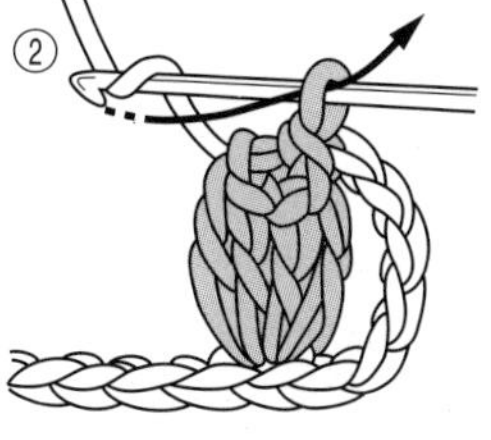

拉出线圈后，再钩锁针收紧针目。

第2针"5针长针的爆米花针"完成的状态。

9

p.15

材料和工具

用线…Olympus Diva 白色（101）340g/9团

其他…2.5cm宽的松紧带 70cm

钩针…3/0号

成品尺寸

腰围67cm、臀围96cm、长63cm

编织密度

10cm×10cm面积内：编织花样 27针、9.5行

编织要领

裙子在裙腰切换位置起针，连接成环形，在锁针的里山和半针里挑针后，按编织花样一边分散加针一边往下钩织至裙摆的边缘。腰头从起针针目挑针，钩织长针。将松紧带连接成环形，将腰头向内翻折包住松紧带，然后将最后一行针目的头部用卷针缝的方法松松地缝在挑针位置。

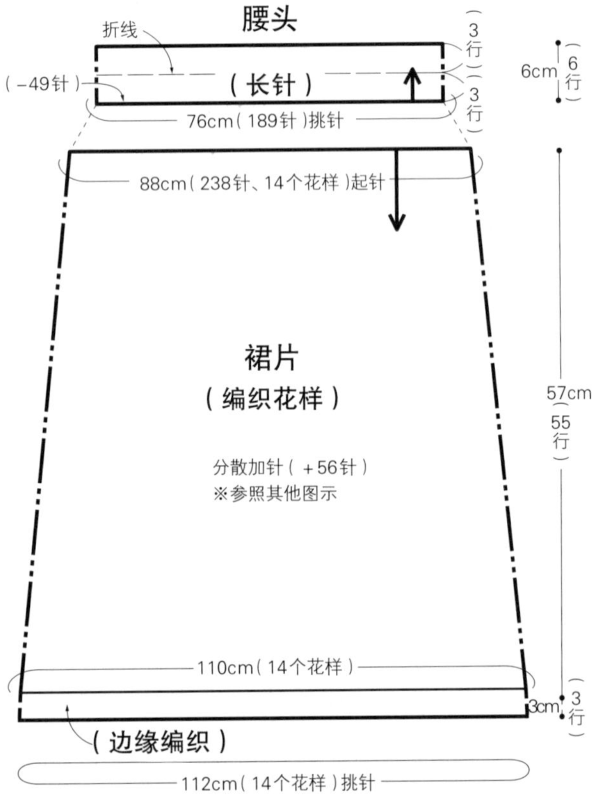

腰头的缝合方法

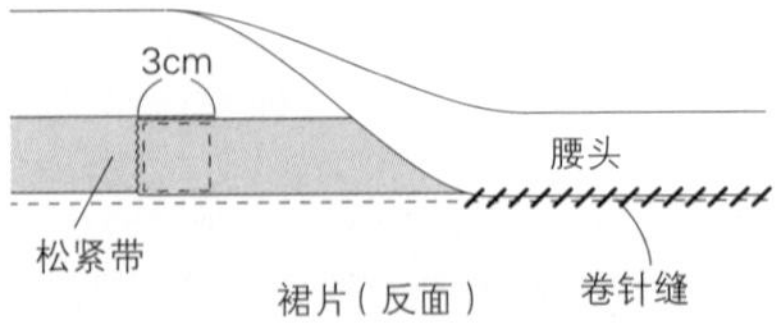

①将松紧带连成环形，两端重叠3cm后缝好。
②将腰头向内侧翻折，松松地做卷针缝。

长针

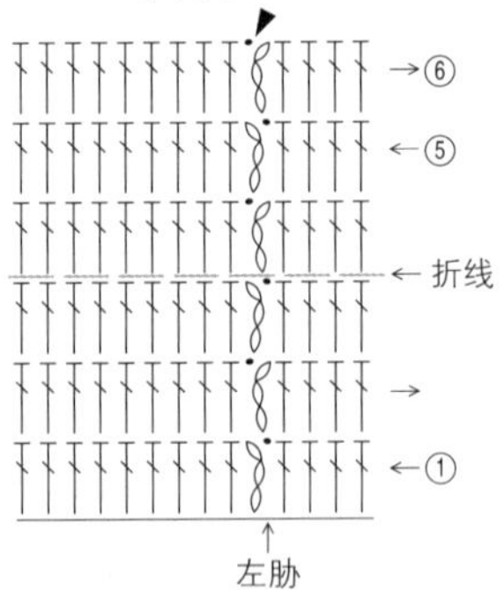

编织花样

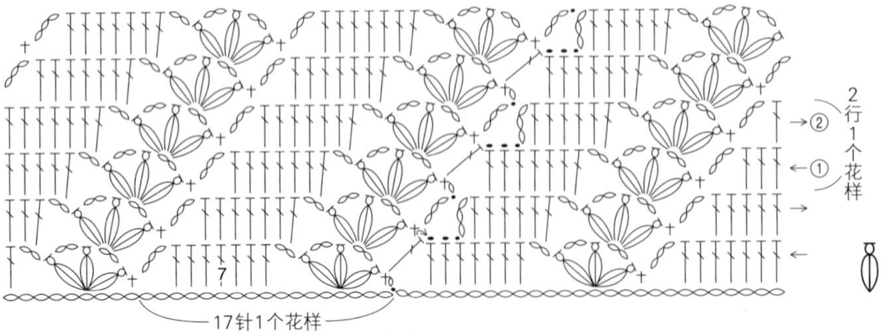

=变化的3针中长针的枣形针

▷ = 接线
► = 断线

边缘编织

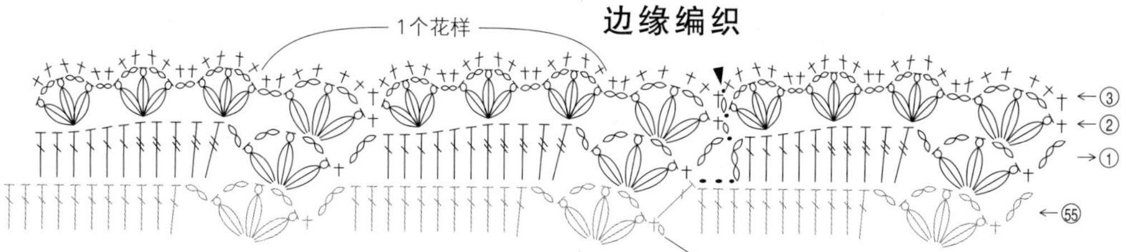

分散加针

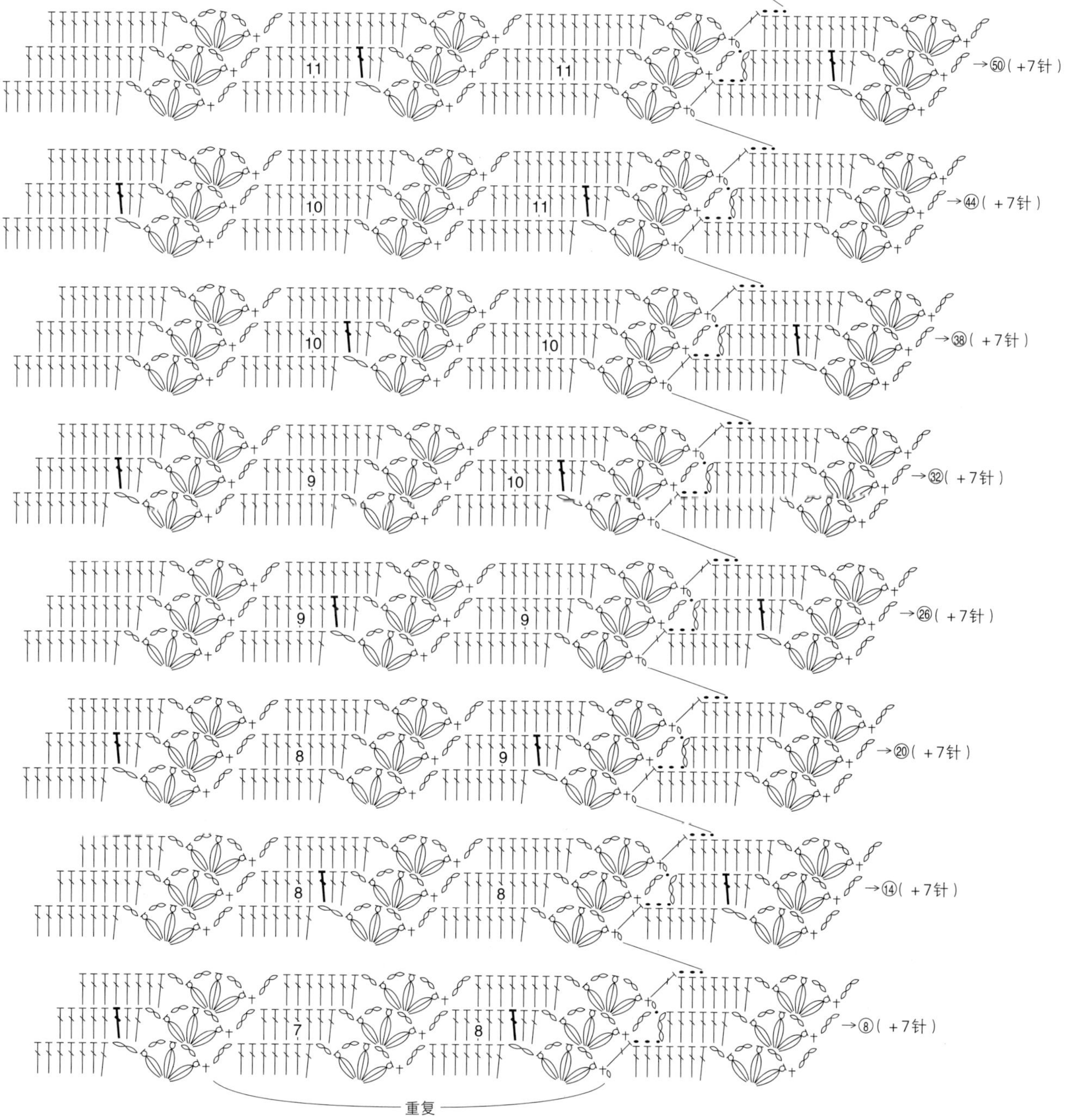

21

p.30

材料和工具

用线…Olympus Chapeautte 海军蓝色（5）95g/3 桄、原白色（1）90g/3 桄

钩针… 6/0 号

成品尺寸

宽 32cm、深 21cm、侧片宽 8cm

编织密度

10cm×10cm 面积内：短针、短针的配色花样均为18.5针、20.5行（底部、侧面）

编织要领

钩60针锁针起针，在锁针的里山挑针钩短针，钩织底部。从底部的周围挑针，环形钩织侧面。配色花样按纵向渡线的方法钩织。提手接着侧面的海军蓝色线继续钩织，对齐相同记号后紧紧地做卷针缝。在反面将线头穿入同色针目中处理好。

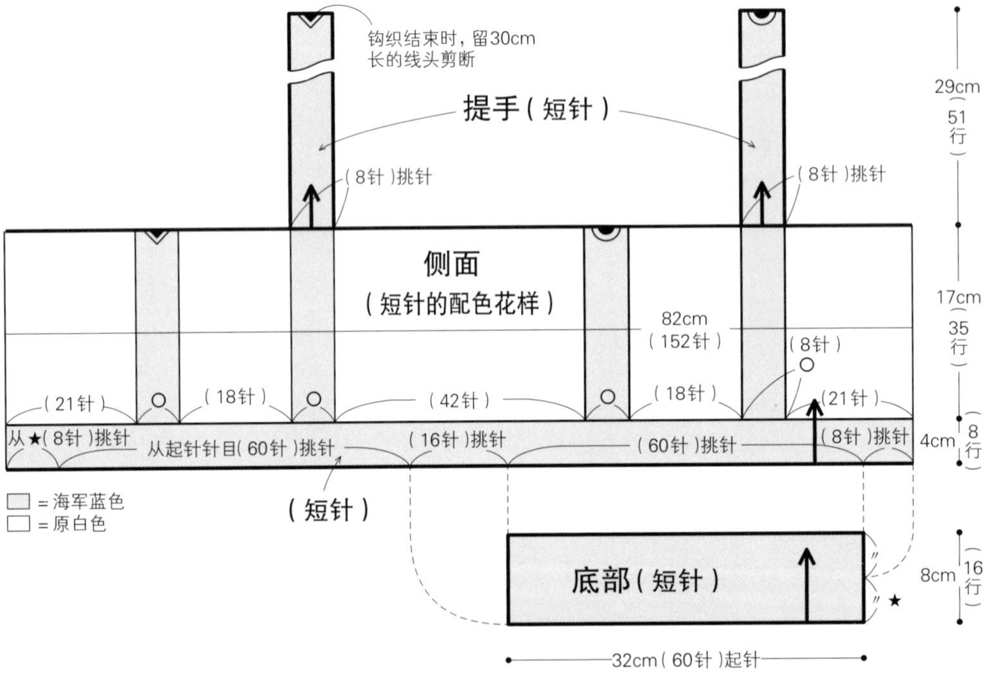

组合方法

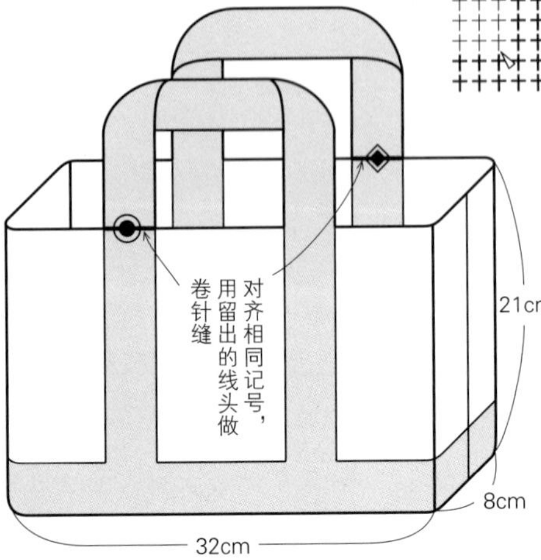

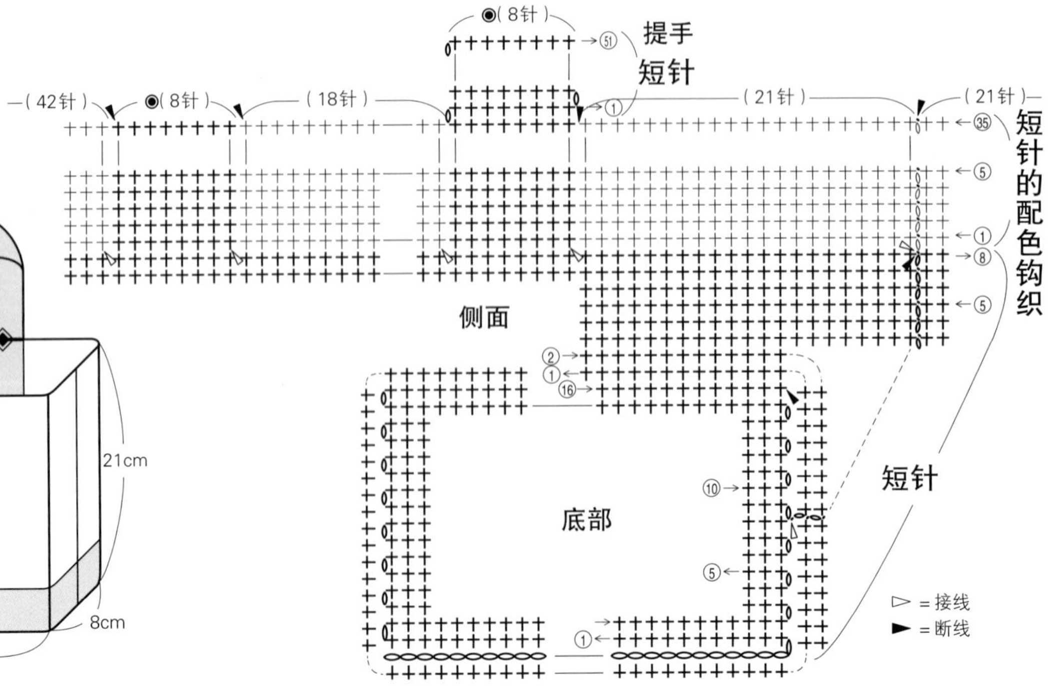

11

p.18

材料和工具

用 线…Olympus Emmy Grande（100g/团）米白色（804）200g/2 团

钩针… 2/0 号

成品尺寸

胸围 104cm、长 51.5cm、连肩袖长 28.5cm

编织密度

编织花样 1 个花样 = 9.25cm、10cm = 12.5 行

编织要领

后身片在肩部钩一条锁针链起针，从锁针链上挑针后按编织花样钩织。前身片也从锁针链上挑针开始钩织，不过右肩钩完 8 行后休针，左肩在锁针链的指定位置接新线，钩 8 行后断线。从第 9 行开始，用刚才休针的线左右连起来继续钩织。肩部将前后身片正面朝内对齐后，一边钩出斜肩，一边钩方眼针进行连接。胁部钩引拔针和锁针进行接合。下摆、领口和袖口分别从身片挑针后按边缘编织 A、B、C 环形钩织。

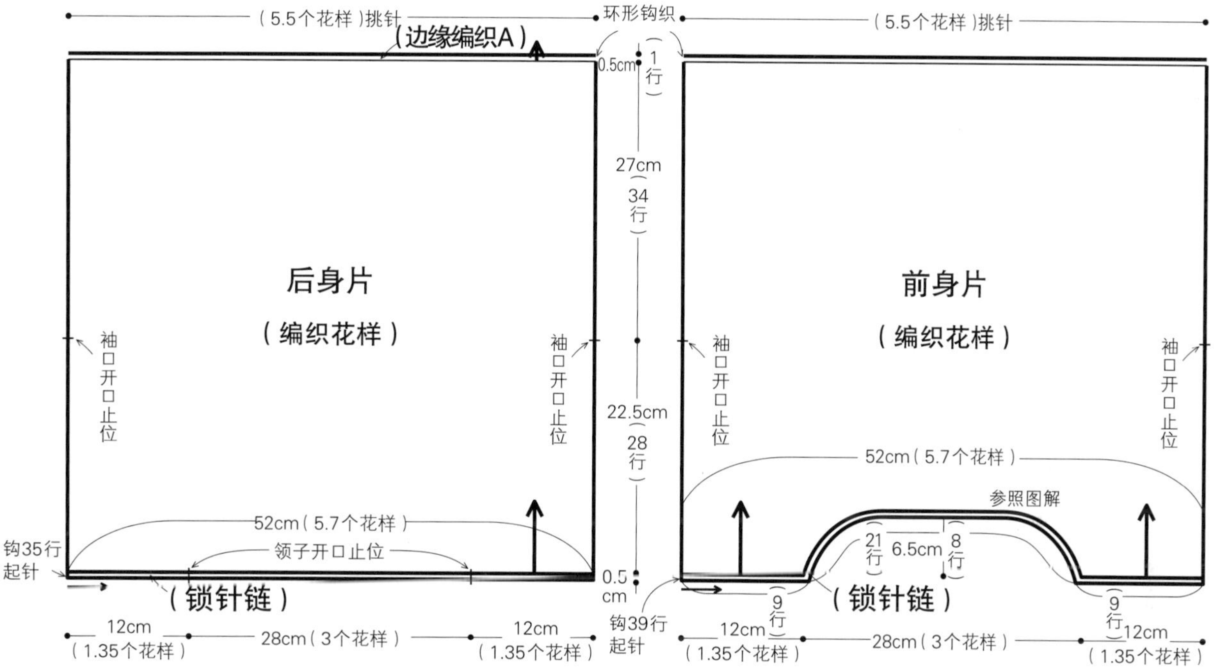

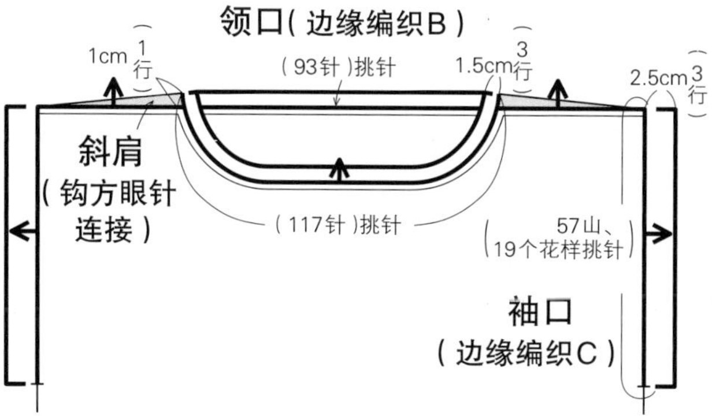

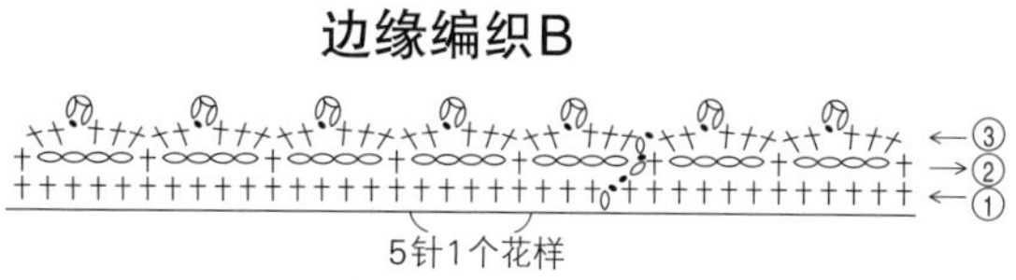

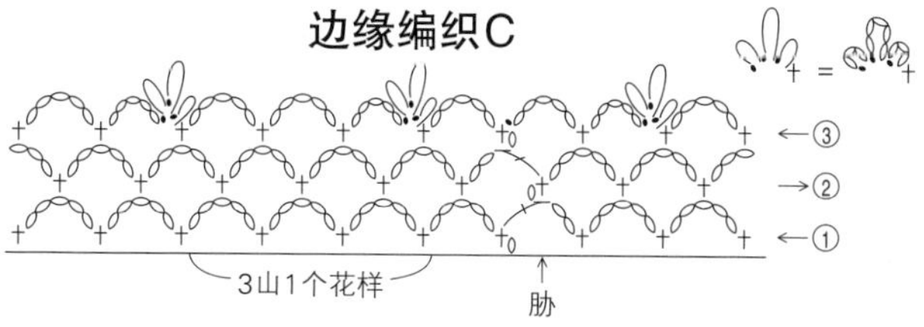

▷ = 接线
► = 断线

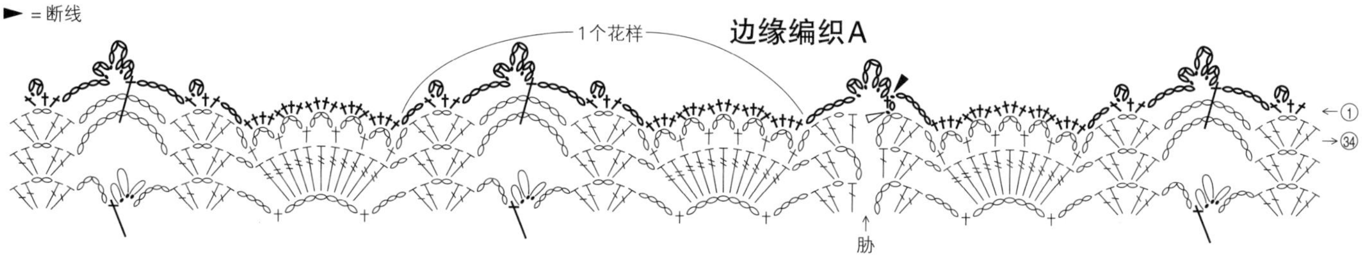

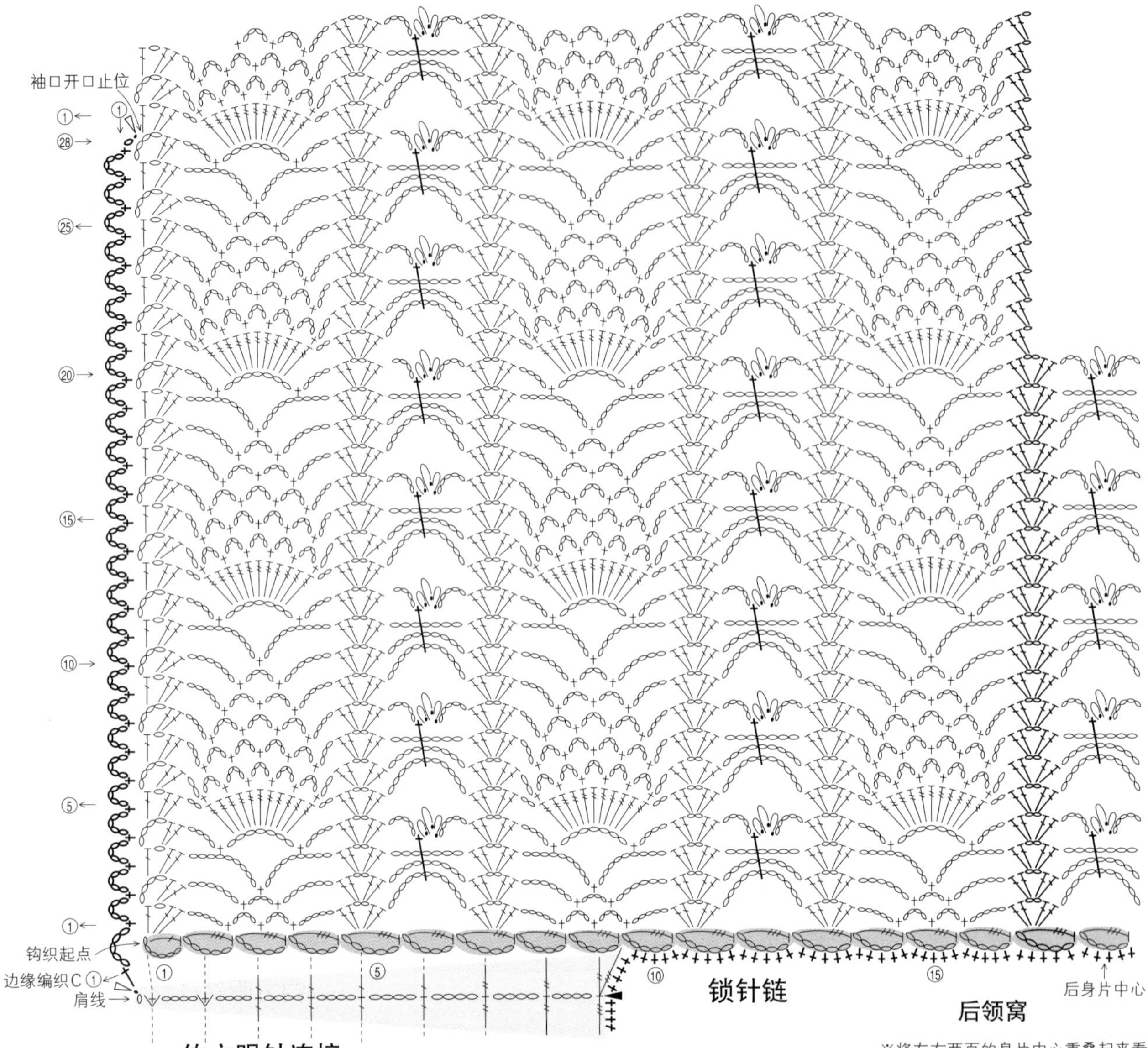

※将左右两页的身片中心重叠起来看

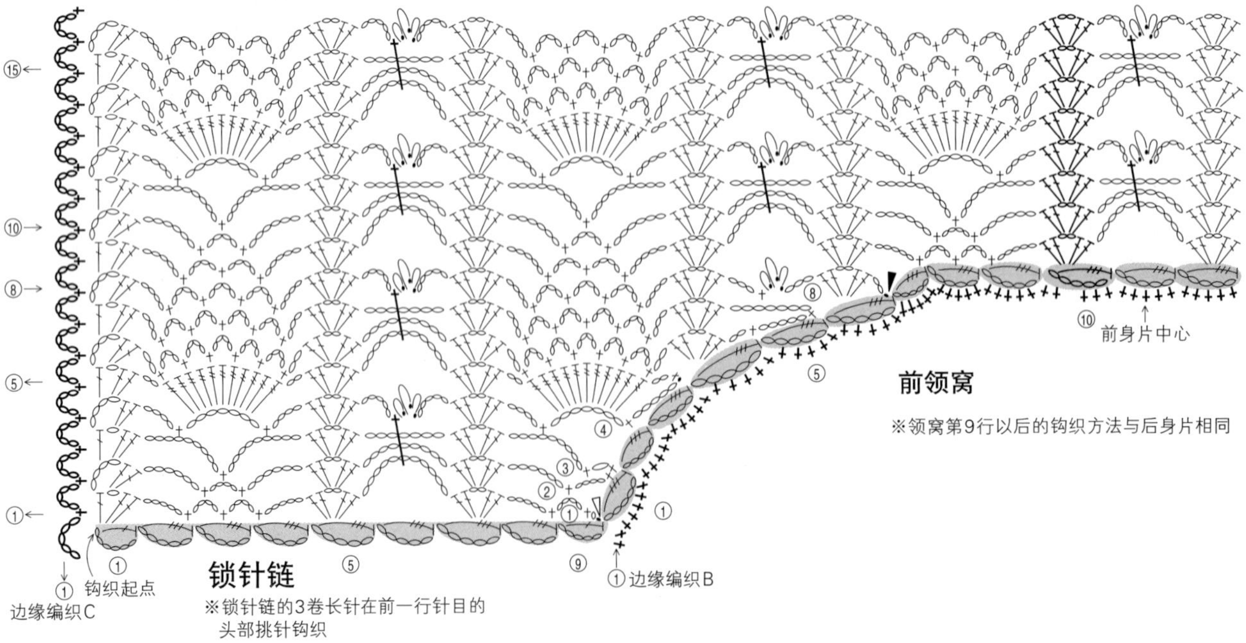

※领窝第9行以后的钩织方法与后身片相同

※锁针链的3卷长针在前一行针目的头部挑针钩织

后身片　编织花样

= 整段挑起3行的锁针钩织

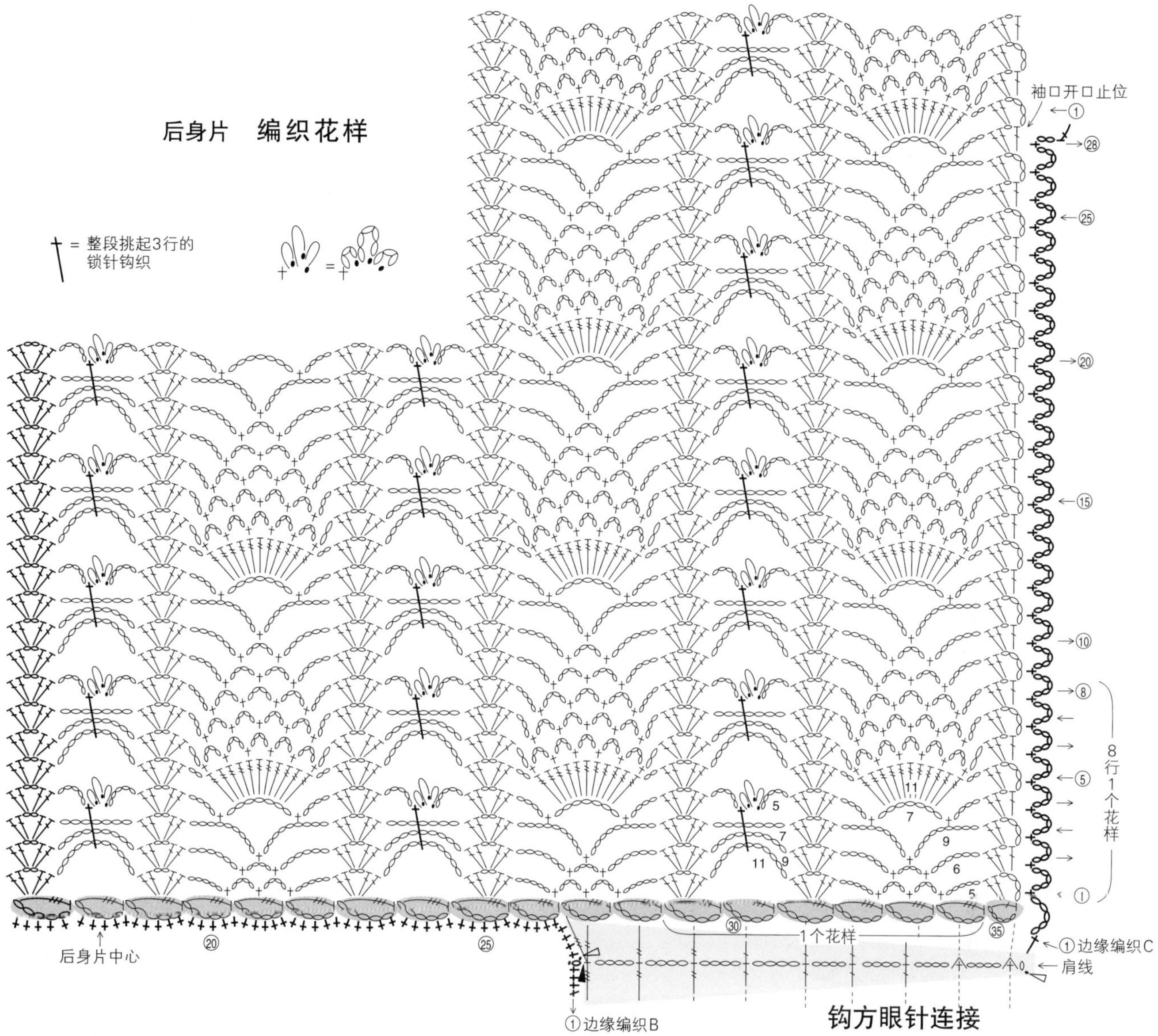

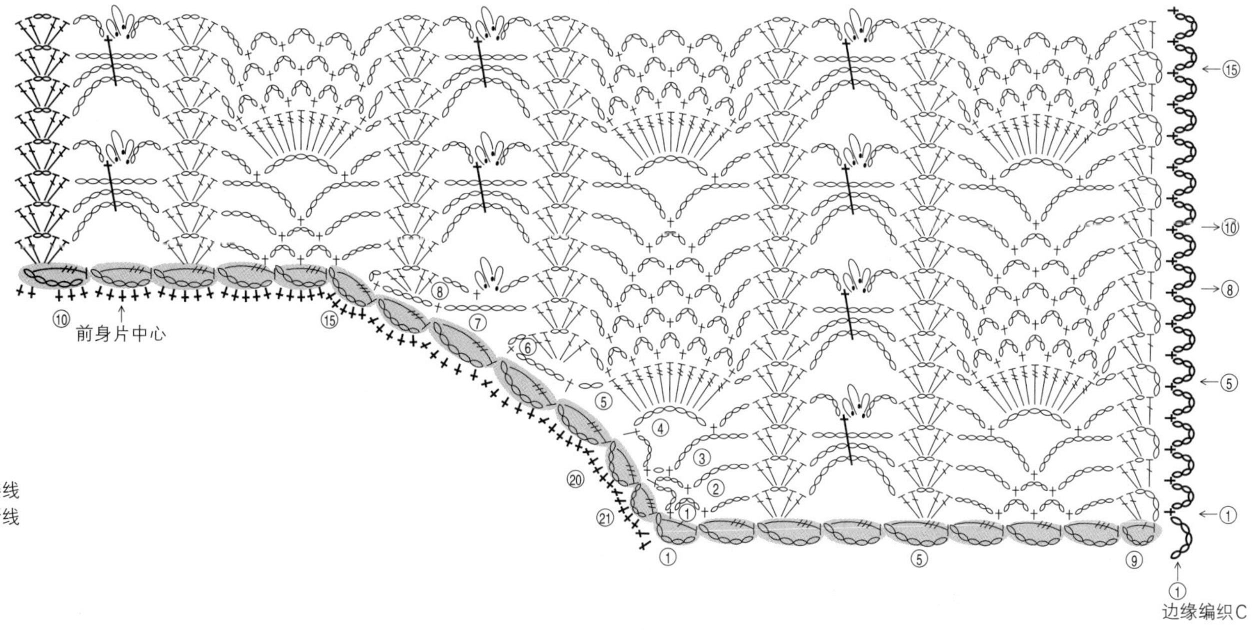

▷ = 接线
► = 断线

25

p.36

材料和工具

用线…Olympus Chapeautte 红色和绿色的段染线（55）85g/3 桄

钩针… 6/0 号

成品尺寸

头围 54cm、帽深 19.5cm

编织密度

10cm×10cm 面积内：短针 15.5 针、18.5 行

编织要领

在帽顶环形起针后钩短针，一边分散加针一边钩织 28 行，然后无须加、减针钩织 2 行编织花样和 3 行短针。帽檐一边分散加针一边钩 8 行短针。在反面处理好线头。

加针

	行	针数	
帽檐	⑦ ⑧	125针	
	⑥	125针	（+10针）
	④ ⑤	115针	
	③	115针	（+10针）
	②	105针	
	①	105针	（+21针）
帽顶	① ~ ③	84针	
	① ②	14个花样	
	⑳ ~ ㉘	84针	
	⑲	84针	（+4针）
	⑭ ~ ⑱	80针	
	⑬	80针	（+8针）
	⑫	72针	
	⑪	72针	（+8针）
	⑩	64针	
	⑨	64针	（+8针）
	⑧	56针	（+8针）
	⑦	48针	（+8针）
	⑥	40针	（+8针）
	⑤	32针	
	④	32针	（+8针）
	③	24针	（+8针）
	②	16针	（+8针）
	①	8针	

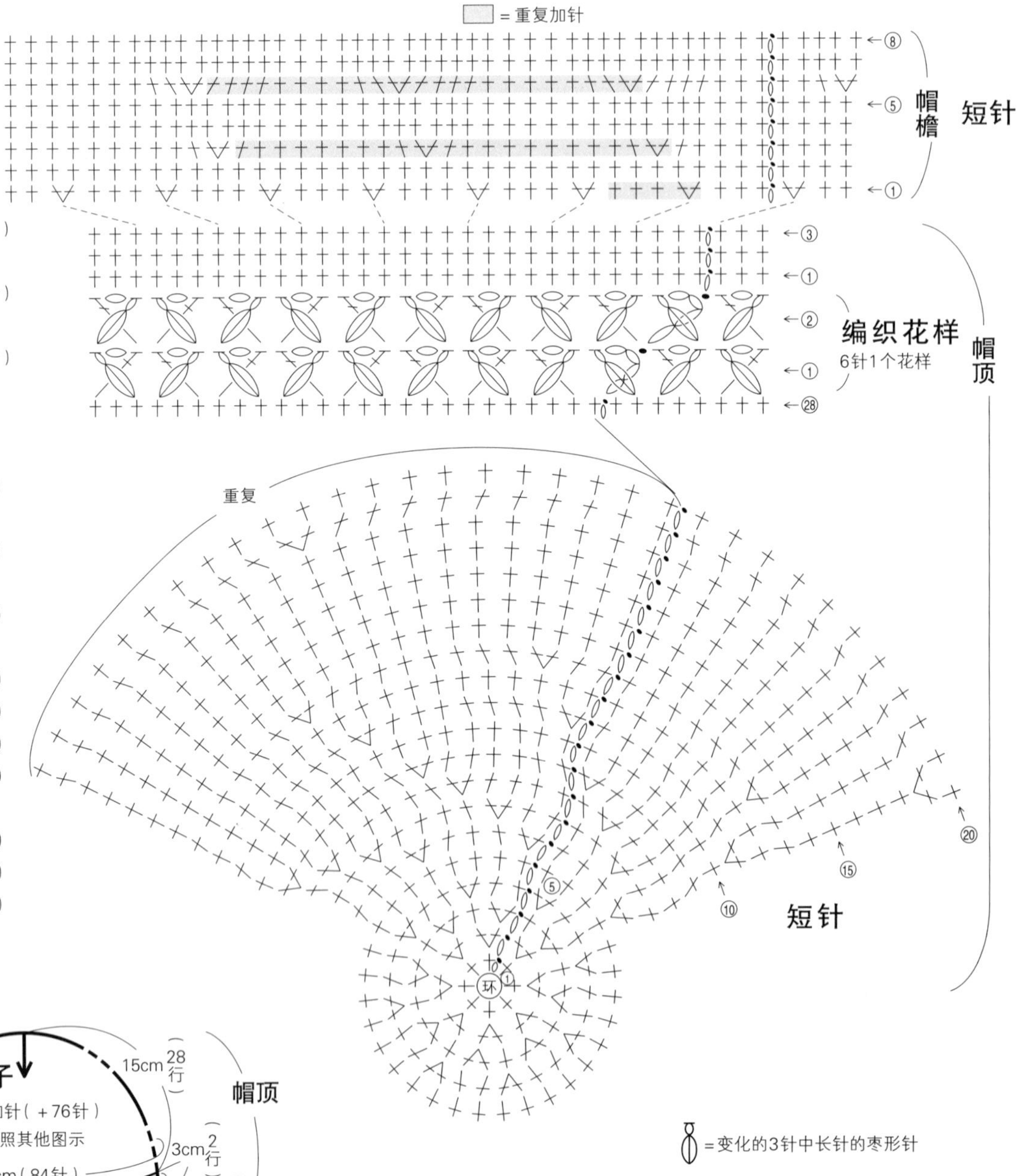

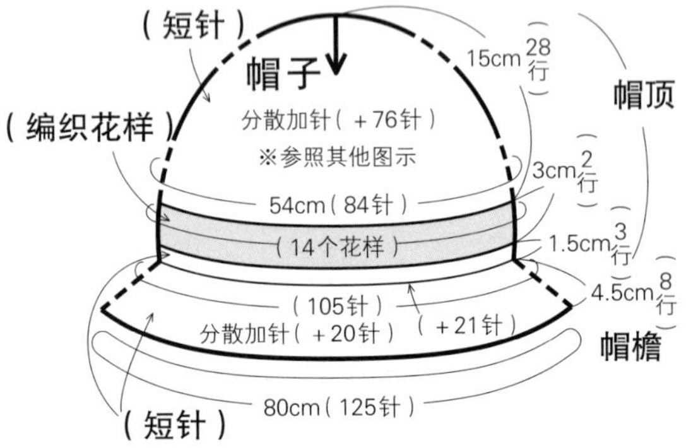

12

p.19

材料和工具

用线…Olympus Emmy Grande 粉红色（160）220g/5团

其他… 直径1.5cm的纽扣 3颗

钩针… 2/0号

成品尺寸

胸围96.5cm、长53cm、连肩袖长约27.5cm

编织密度

10cm×10cm面积内：编织花样A（基础）32针、18行，编织花样B 1个花样28针=8cm、24行=18.5cm

编织要领

在领窝位置起针，在锁针的里山和半针里挑针，按编织花样A钩织育克，钩32行后断线。前后身片在育克接新线，按编织花样B钩织，袖口的16针锁针另行钩在育克上。前门襟和领子连起来按边缘编织A钩1行后断线，接着在第1行的钩织起点接线钩第2行，注意在钩右门襟时钩出纽襻。然后钩织下摆的边缘编织B。袖窿按边缘编织C环形钩织1行调整形状。在左门襟缝上纽扣。

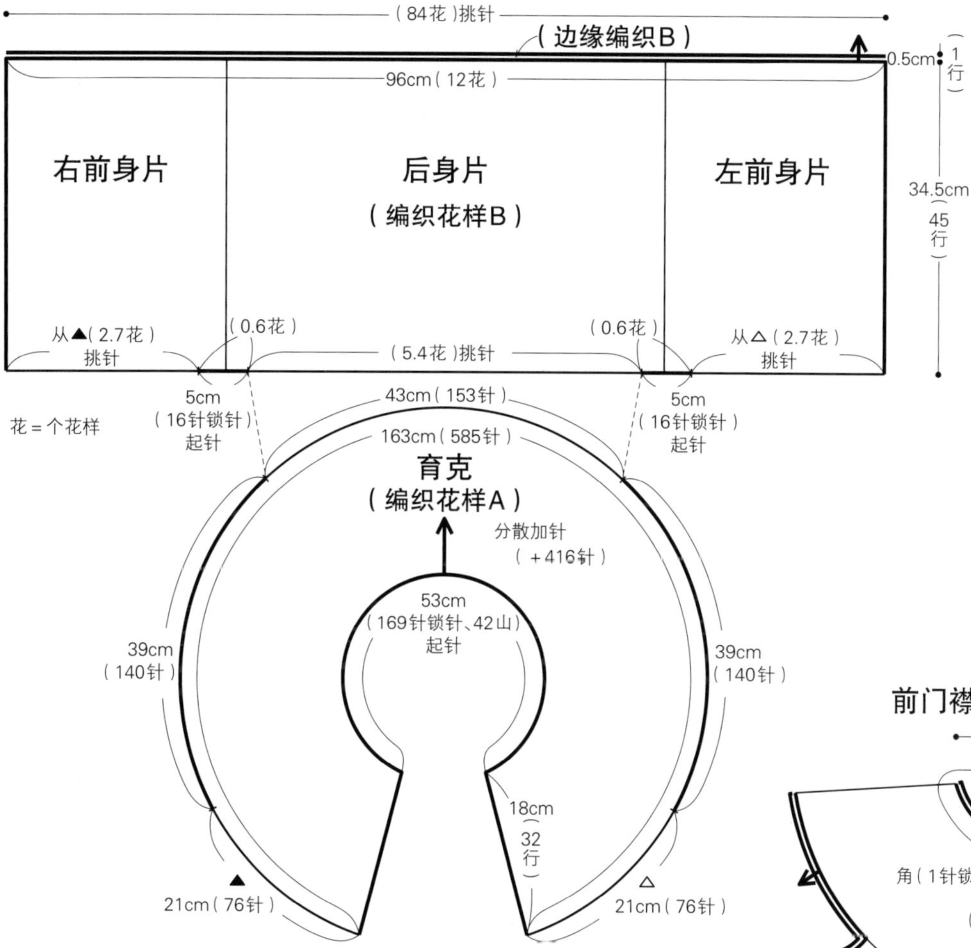

前门襟、领子（边缘编织A）

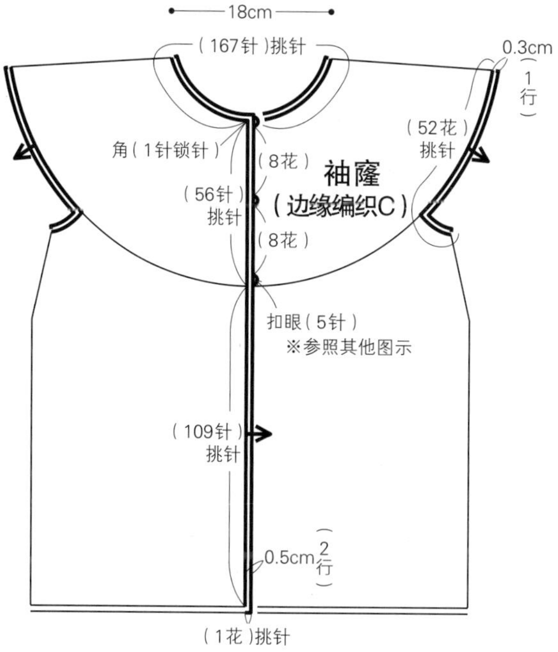

编织花样A 基础

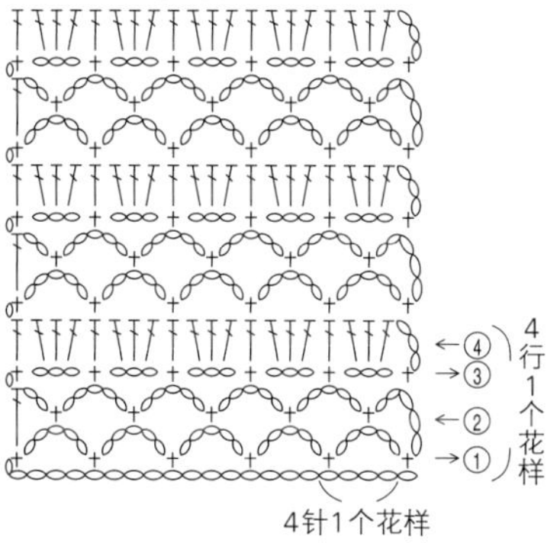

边缘编织A

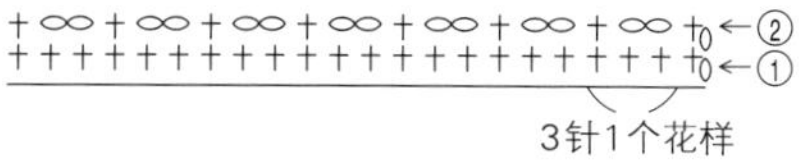

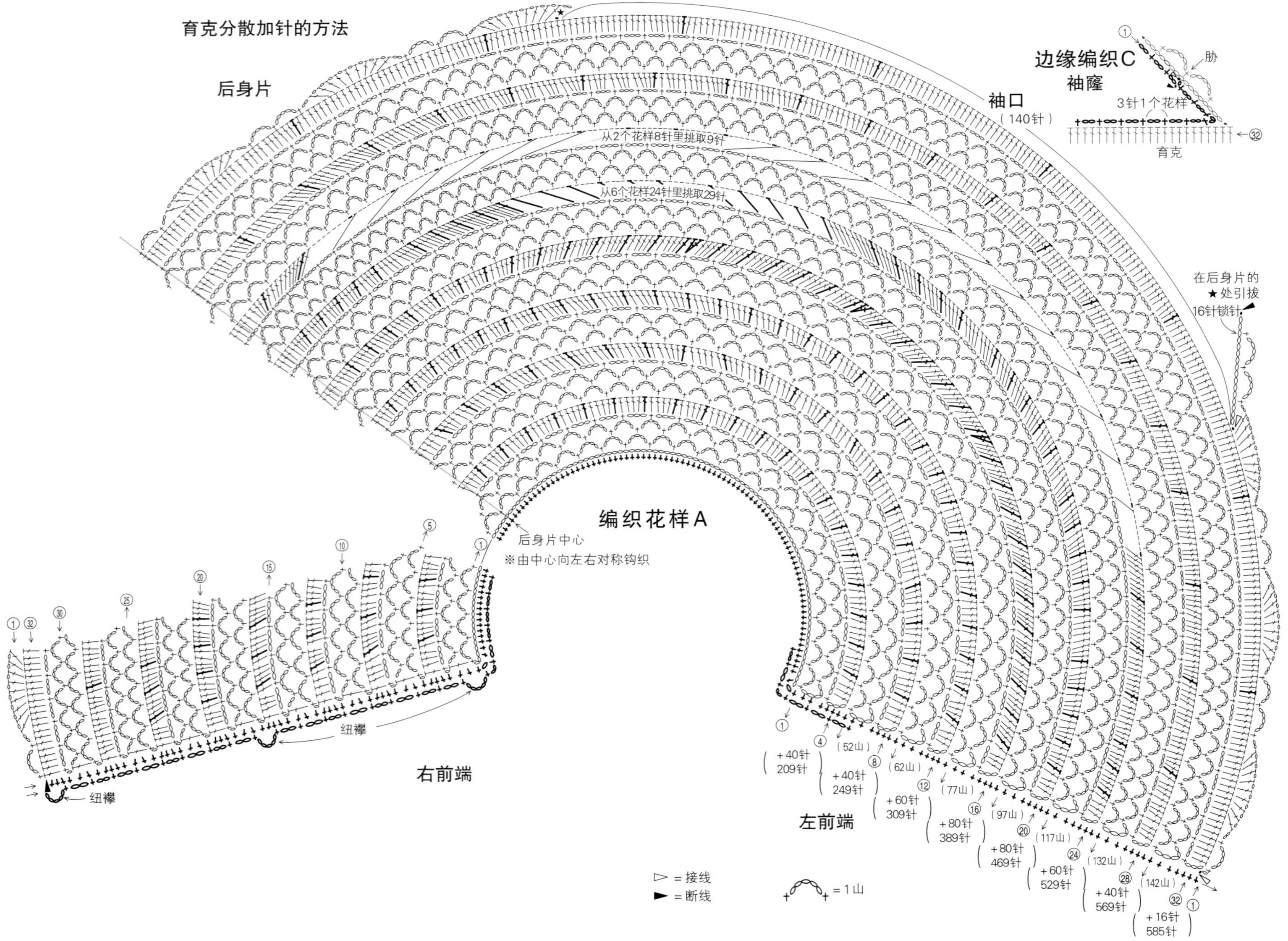

育克分散加针的方法
后身片
袖口
（140针）
边缘编织C
袖窿
肋
3针1个花样
育克
从2个花样8针里挑取9针
从6个花样24针里挑取29针
在后身片的
★处引拔
16针锁针
编织花样A
后身片中心
※由中心向左右对称钩织
纽襻
右前端
左前端
+40针
209针
(52山)
+40针
249针
(62山)
+60针
309针
(77山)
+80针
389针
(97山)
+80针
469针
(117山)
+60针
529针
(132山)
+40针
569针
(142山)
+16针
585针
= 接线
= 断线
= 1山

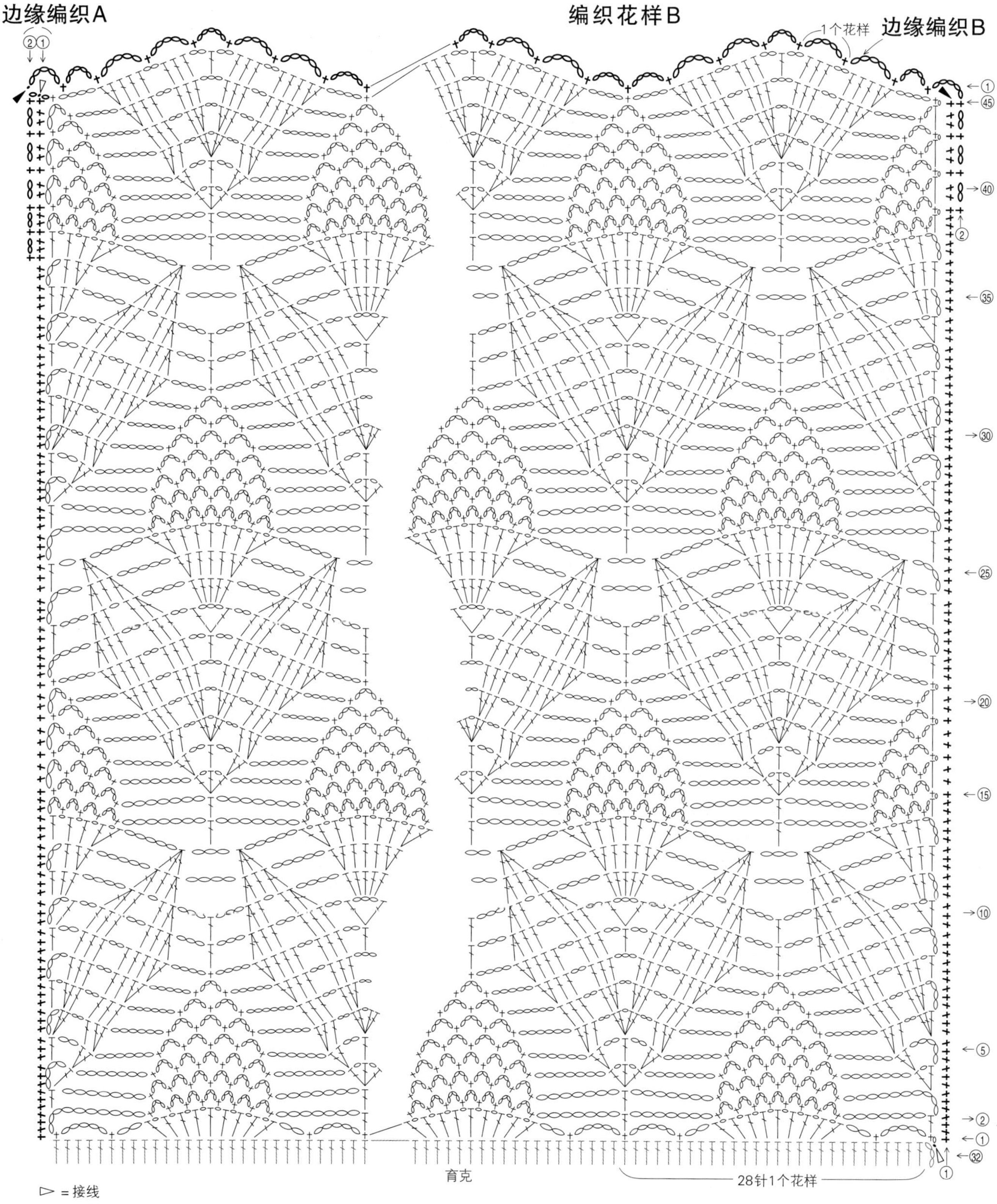
边缘编织A
编织花样B
1个花样
边缘编织B
①
②
㊺
40
35
30
25
20
15
10
5
㉜
24行1个花样
育克
28针1个花样

▷ = 接线
► = 断线

13

p.20

材料和工具

用 线…Olympus Emmy Grande <Colorful> 浅绿色、淡蓝色的段染线（C4）215g/9团

钩针…2/0号

成品尺寸

胸围104cm、肩宽26cm、长52cm、袖长19cm

编织密度

10cm×10cm面积内：编织花样A 37针、9行，编织花样B 6.3个花样、14行，编织花样C 6.3个花样、11.5行

编织要领

身片在下摆切换位置钩一条锁针链起针，从锁针链上挑针，按编织花样A钩织凸形织片。袖子按与身片相同的要领，从锁针链上挑针后按编织花样C一边增加花样个数一边钩织。身片和袖子钩引拔针和锁针进行连接。领口从袖子起针锁针链的14行里挑针后钩短针。另一侧的袖子和身片也按相同的要领进行连接。胁部和袖下钩引拔针和锁针进行接合。下摆从身片的锁针链上挑针后按编织花样B环形钩织。领口按边缘编织环形钩织。

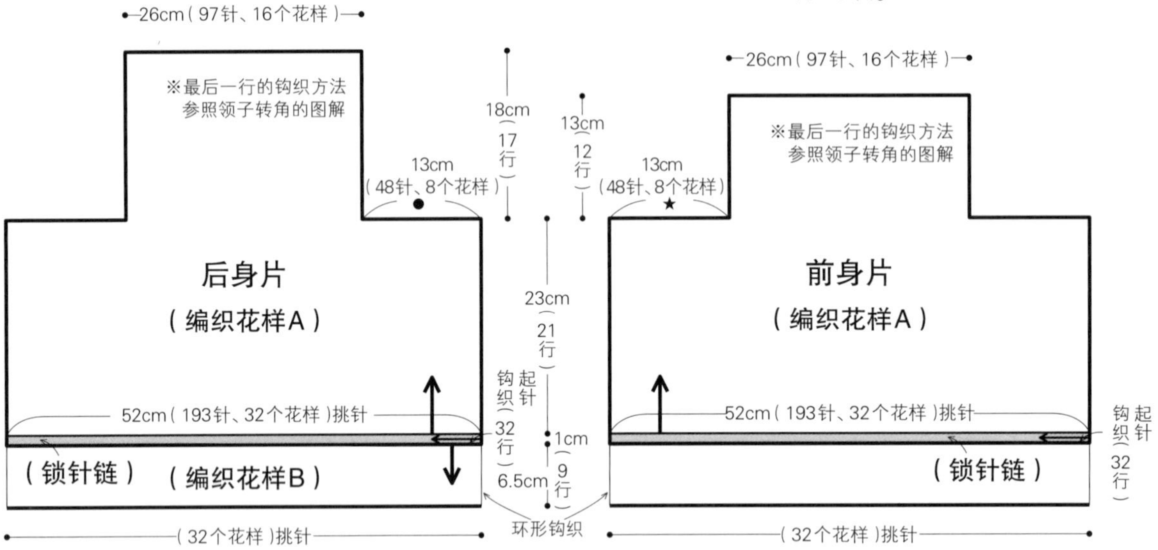

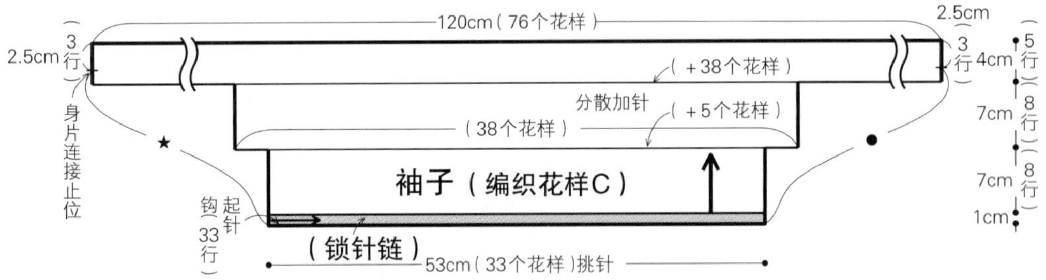

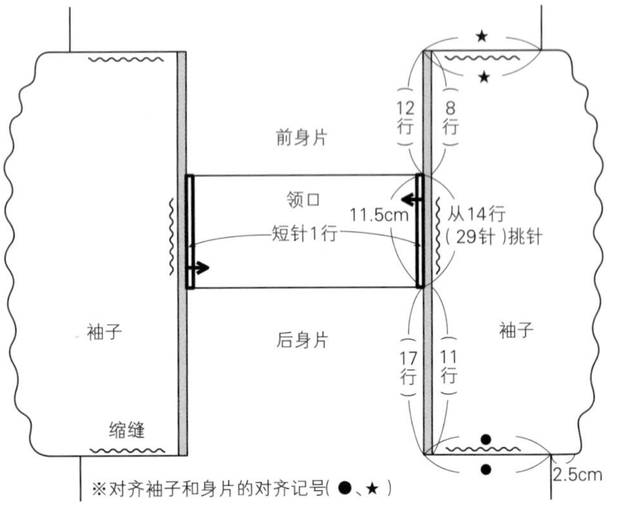

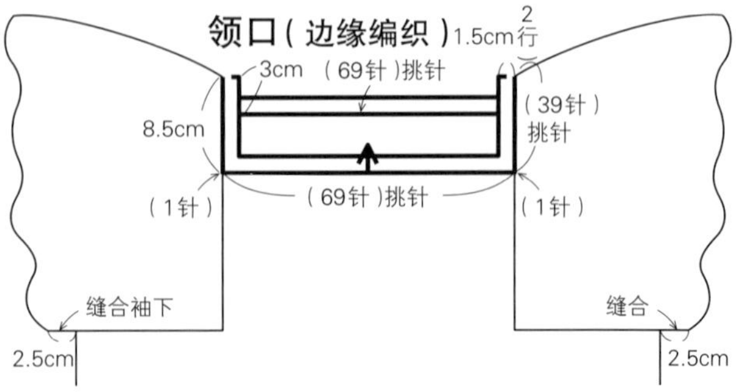

边缘编织

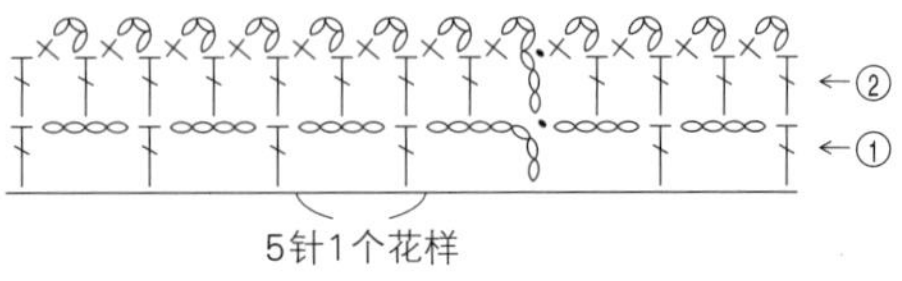

领子转角的钩织方法

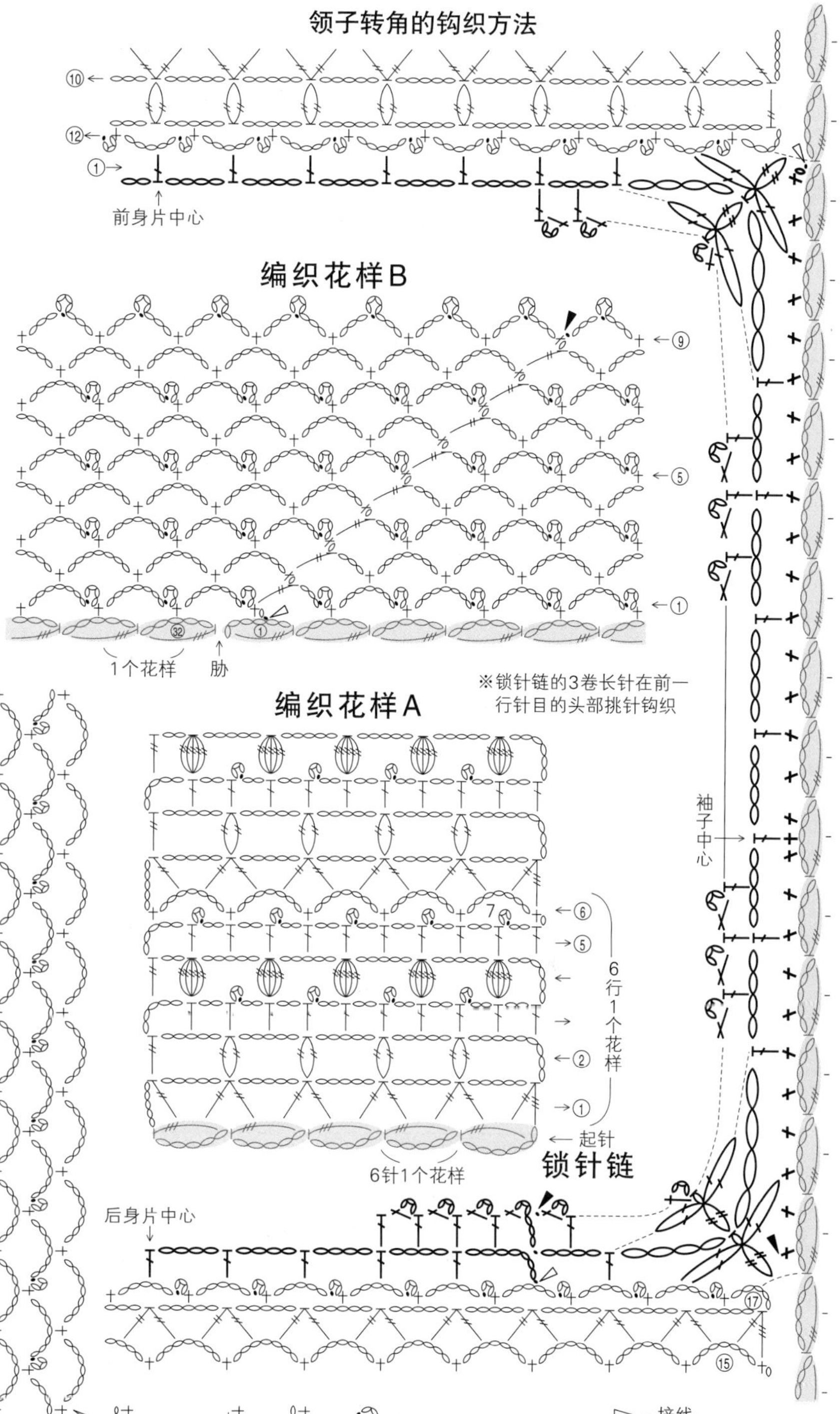

▷ = 接线
▶ = 断线

编织花样C和分散加针的方法

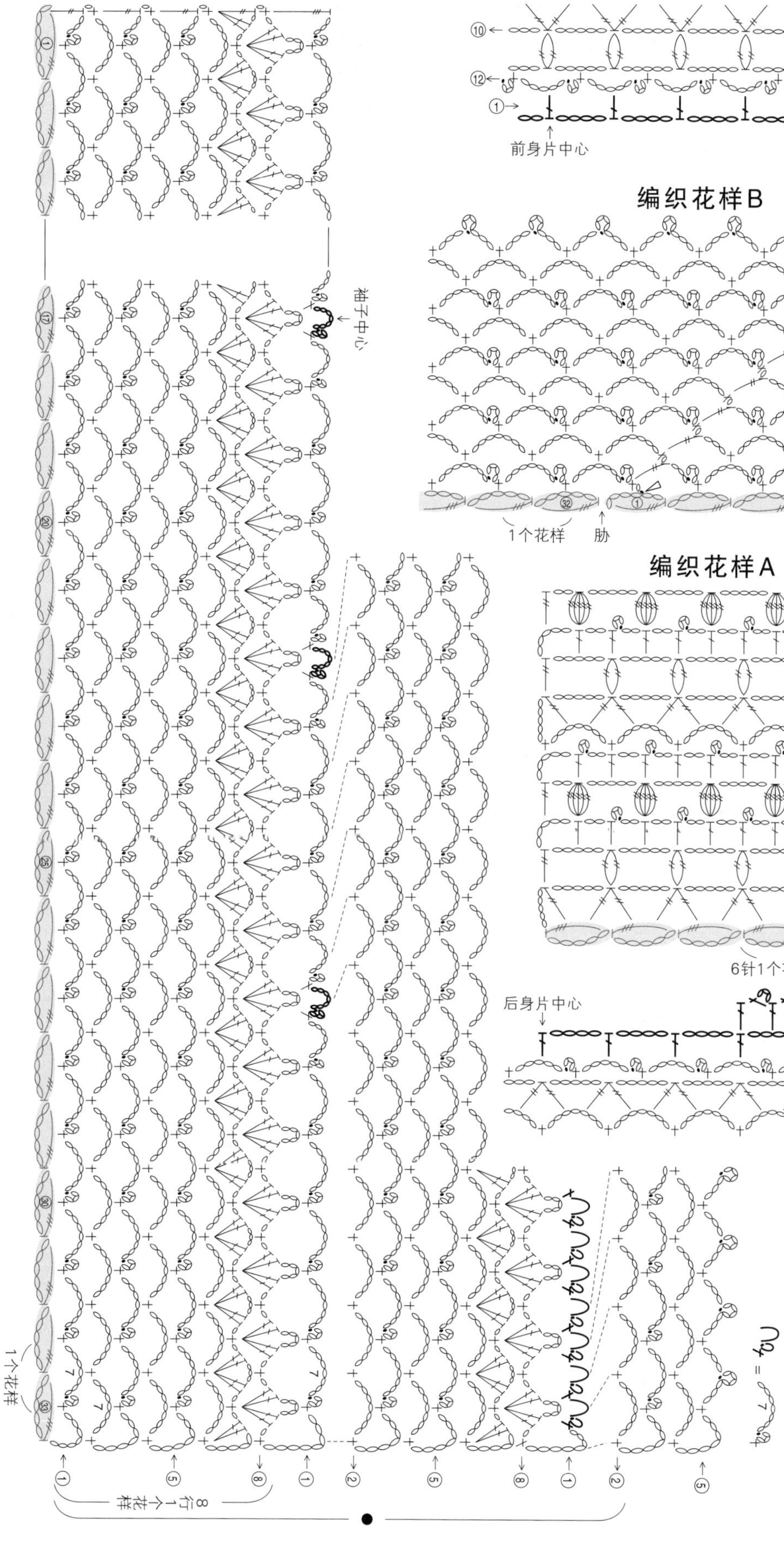

14

p.21

材料和工具

用线…Olympus Cotton Cuore 灰色（17）230g/6团

钩针…3/0号、4/0号

成品尺寸

胸围92cm、长52cm、连肩袖长25cm

编织密度

编织花样 1个花样＝4.5cm、10cm＝12行（4/0号钩针），1个花样＝4.2cm、10cm＝14行（3/0号钩针）

编织要领

※编织花样中针法符号看起来高度相同，但是长长针和3卷长针交替钩织时需要特别注意。

身片在下摆切换位置起针，在锁针的里山和半针里挑针后按编织花样钩织，一边调整密度一边参照图解钩至肩部。肩部将前后身片正面朝内对齐后钩引拔针和锁针进行连接，胁部钩引拔针和锁针进行接合。下摆从起针针目挑针，按边缘编织A环形钩织。领口和袖口分别按边缘编织B环形钩织。

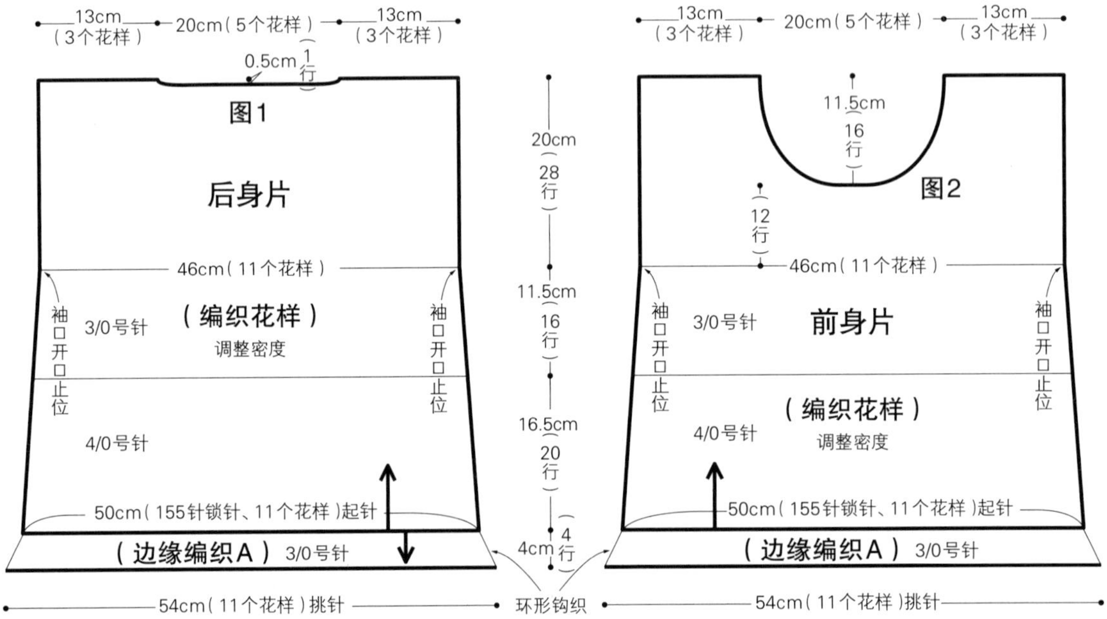

编织花样

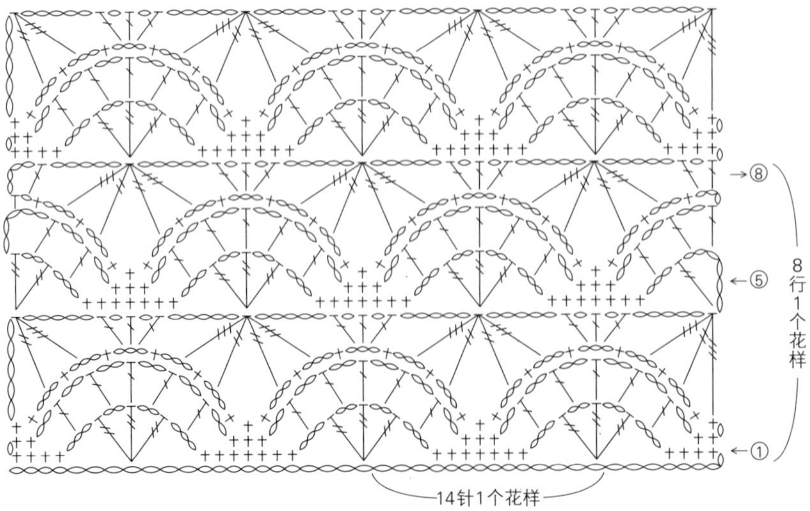

图1 后领窝

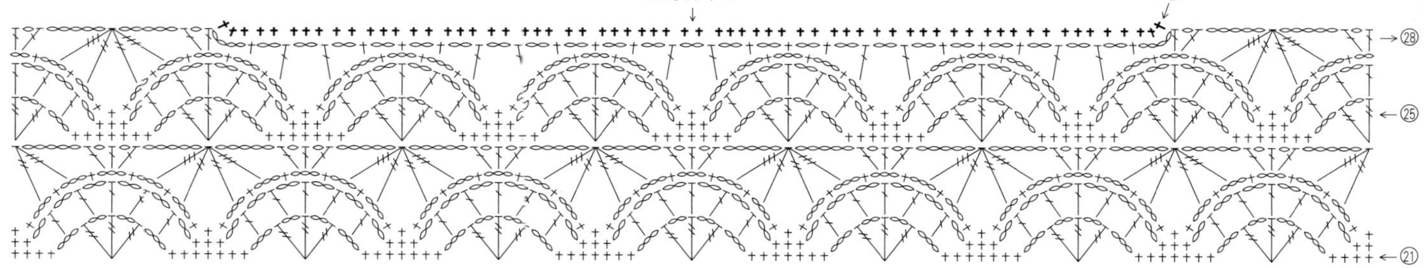

图2 前领窝

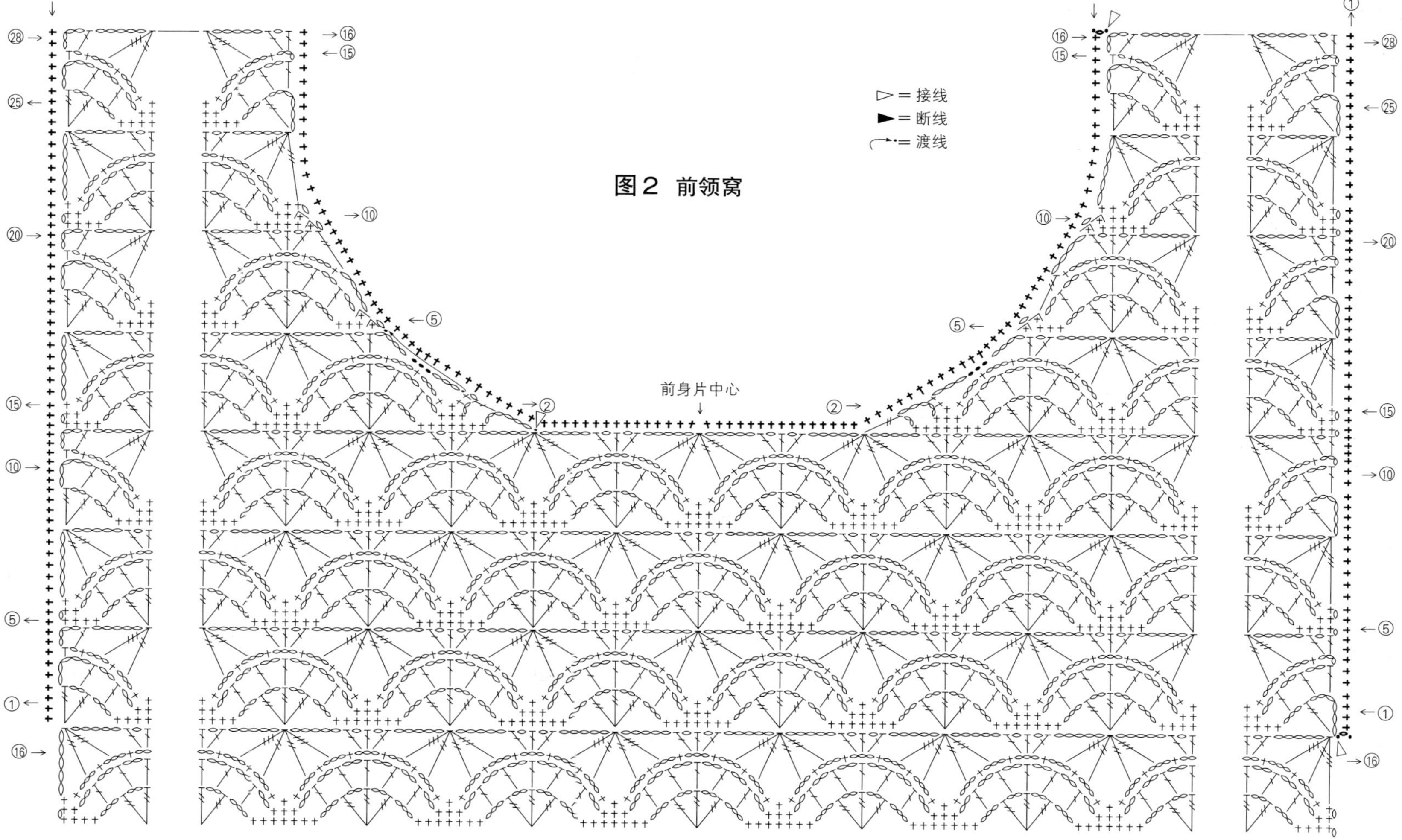

领口、袖口（边缘编织B）3/0号针

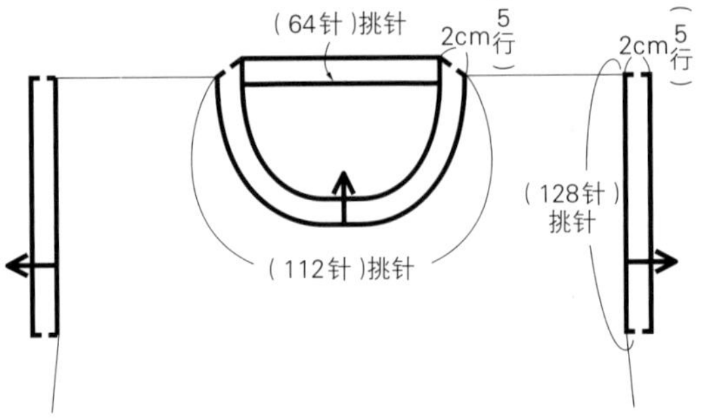

边缘编织B

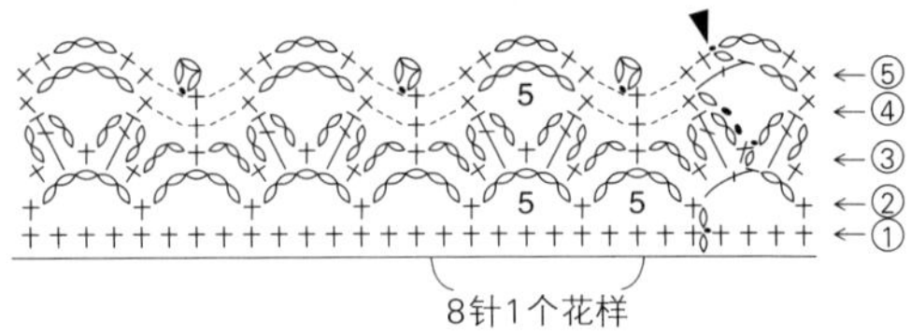

边缘编织A

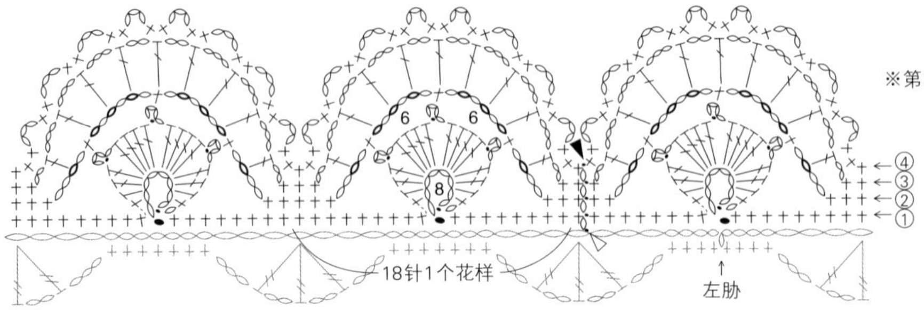

※第3行的长针将前一行锁针（⬭）的针目分隔开挑针

▻ = 接线
► = 断线

◉符号图的看法

符号图均为从正面看到的织片的状态。每隔1行改变织片方向进行往返钩织的情况下，锁针起立针在右边的行，看着正面钩织；锁针起立针在左边的行，看着反面钩织。

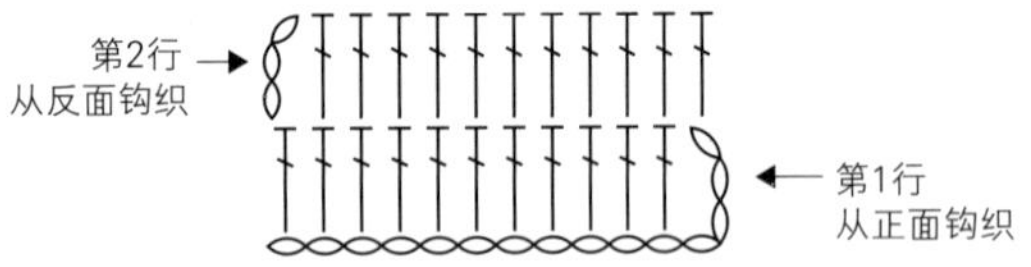

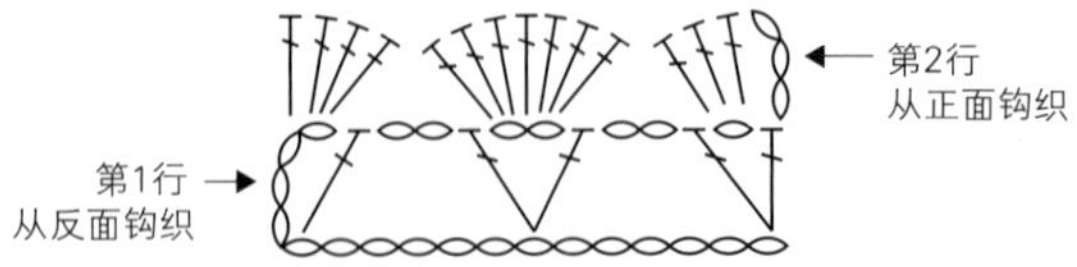

◉起立针和针目的高度（基本形）

所谓起立针，是指在各行行首钩织的“锁针”，钩至与针目相同的高度。
袖窿和领窝等左右对称钩织的部位，了解起立针后钩织起来会更加方便。
※有时也会根据线材和织片进行灵活变化

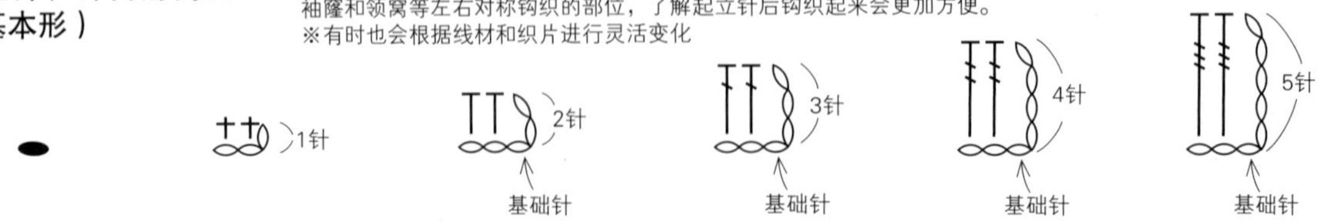

引拔针　短针（JIS符号为×）　中长针　长针　长长针　3卷长针

16

p.23

材料和工具

用线…Olympus Emmy Grande 蓝色（335）135g/3团

钩针…3/0号

成品尺寸

胸围94cm、长58cm、连肩袖长31.5cm

编织密度

10cm×10cm面积内：编织花样A 30.5针（2.5个花样）、7.5行

编织要领

身片在下摆切换位置起针，在锁针的2根线里挑针，按编织花样A钩至肩部。肩部将前后身片正面朝内对齐后钩短针和锁针进行连接，胁部钩短针和锁针进行接合。下摆从起针针目挑针，按编织花样B环形钩织。领口从领窝挑针，按边缘编织环形钩织，注意在第6行减11针。袖子按编织花样B环形钩织。

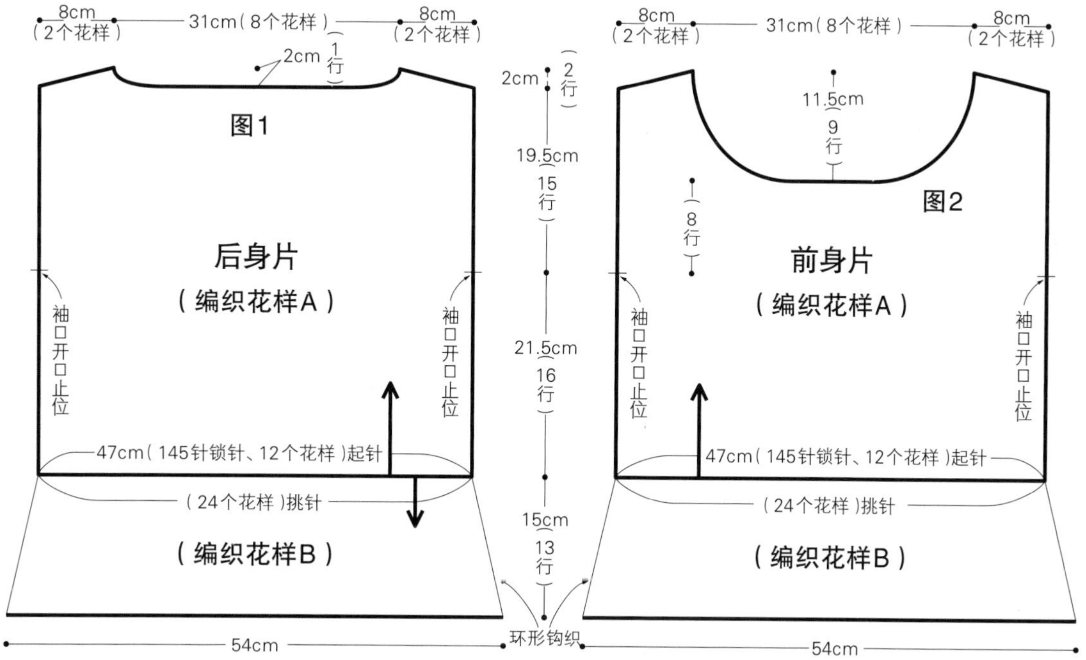

编织花样A

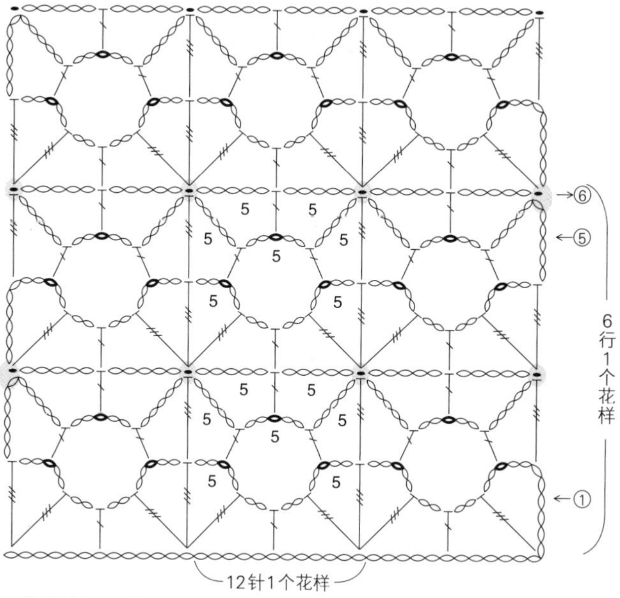

※将锁针（⬭）的针目分隔开挑针

※引拔针上的3卷长针在前两行挑针（　）

在1个针目里入针　　**整段挑针**

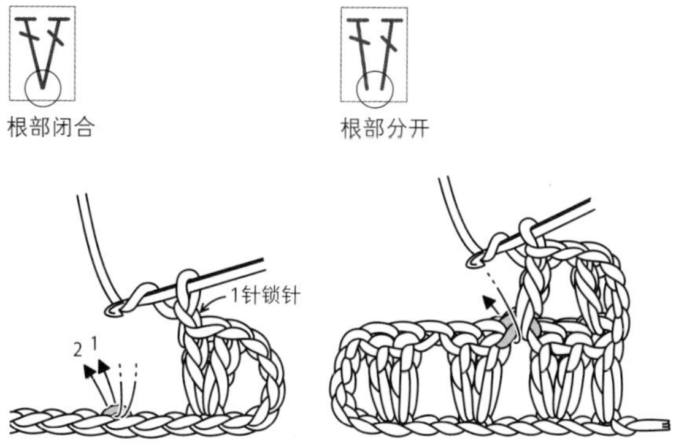

符号图的根部闭合时，将前一行的1个针目分隔开挑针；根部分开时，不用将前一行的针目分隔开，而是整段挑针钩织。

图 1　后领窝

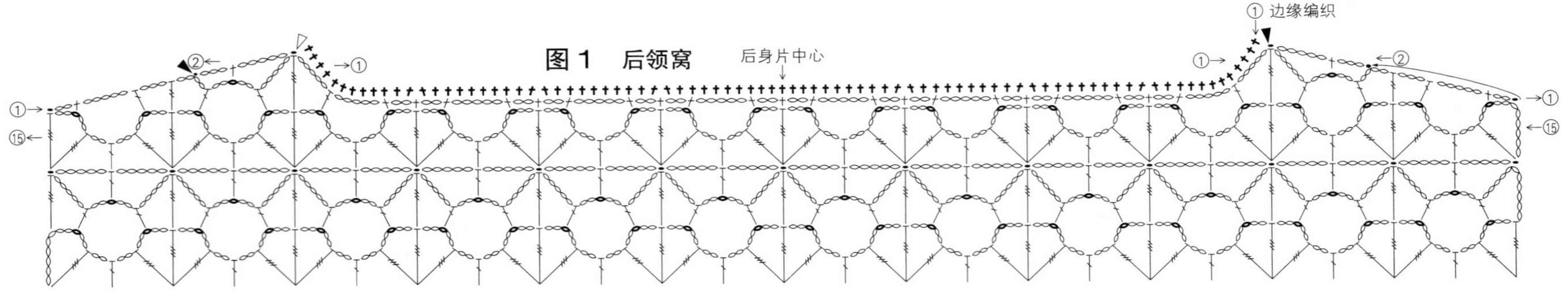

图2
前领窝

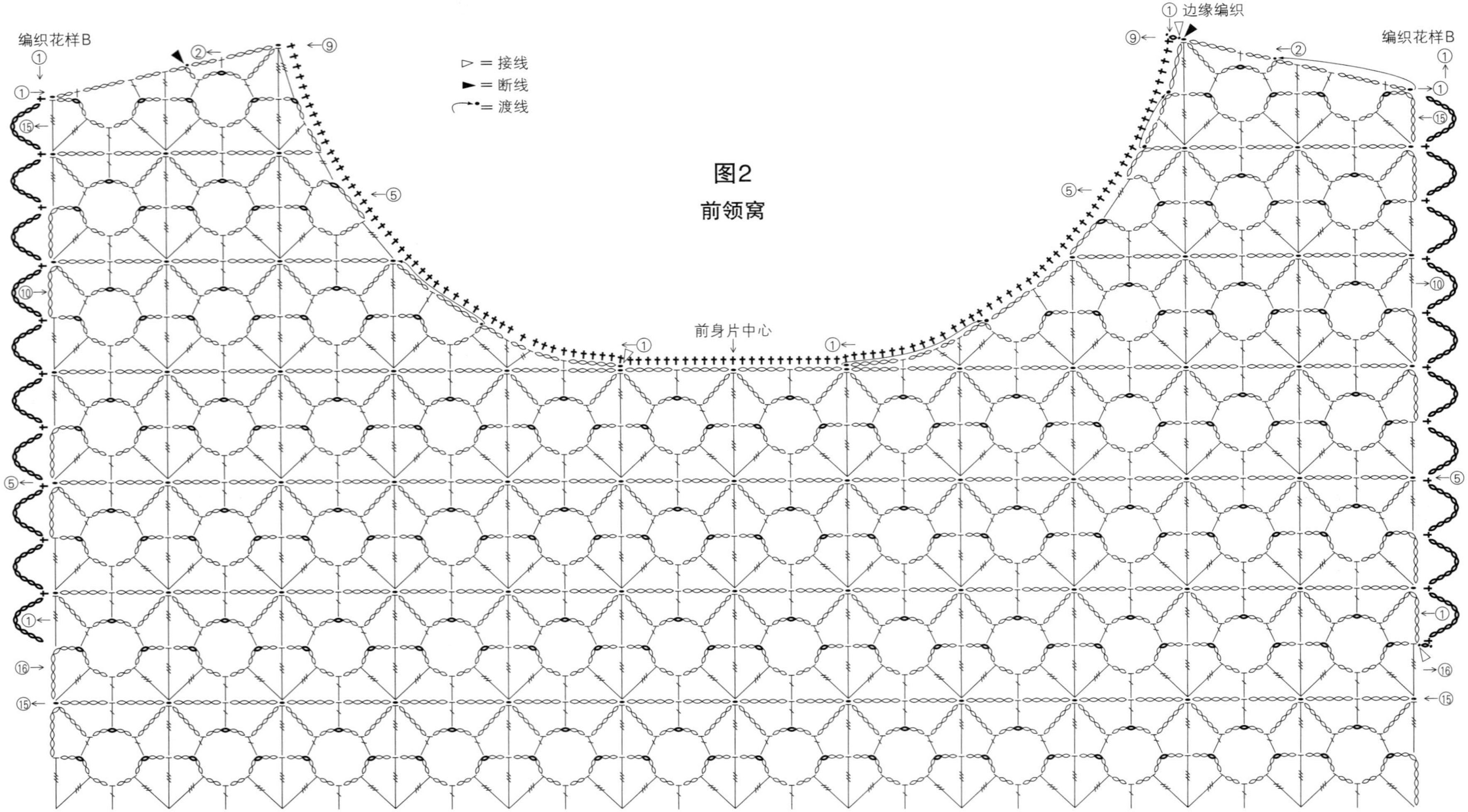

领口（边缘编织）

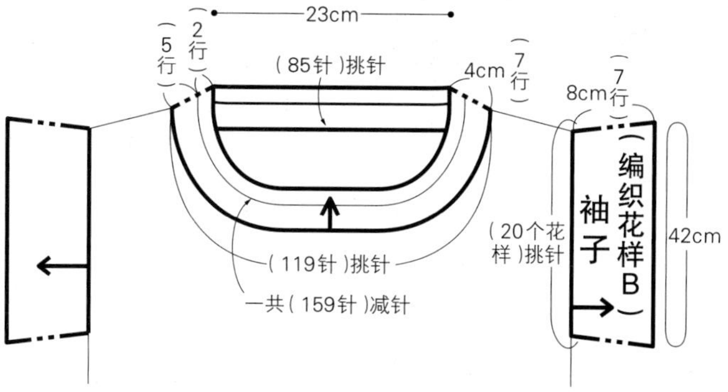

编织花样B

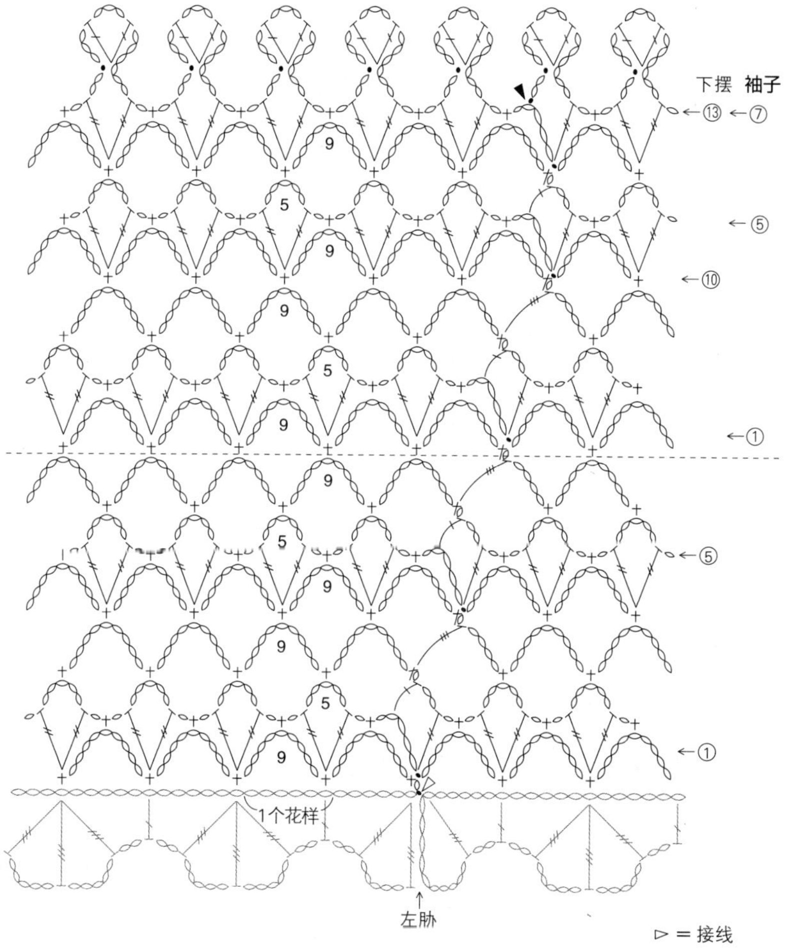

▷ = 接线
► = 断线

边缘编织

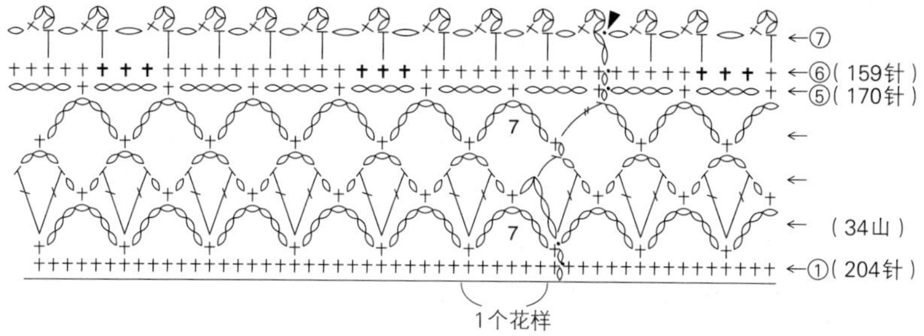

在手指上绕线环形起针的方法（环形起针）

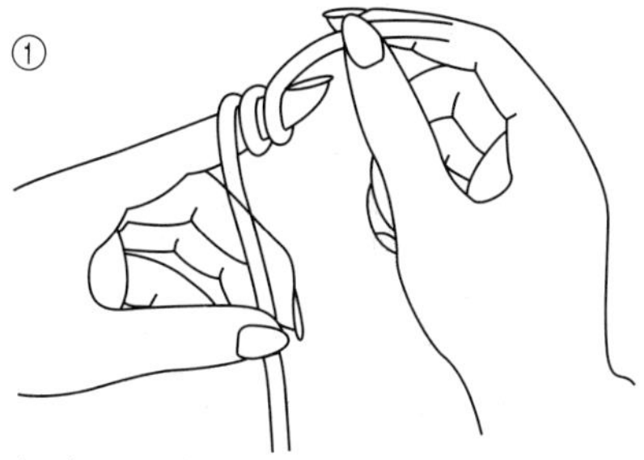

在手指上绕2次线。

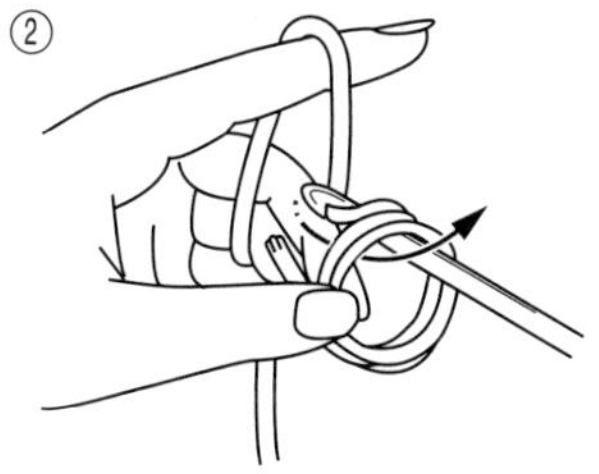

取下线环，将长的线挂在左手上，用拇指和中指按住交叉点。在线环中插入钩针，将线拉出。

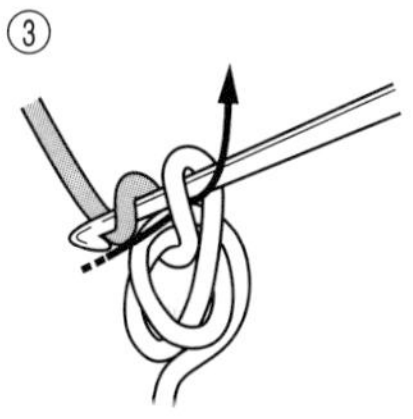

再次在钩针上挂线，将线拉出后收紧针目。

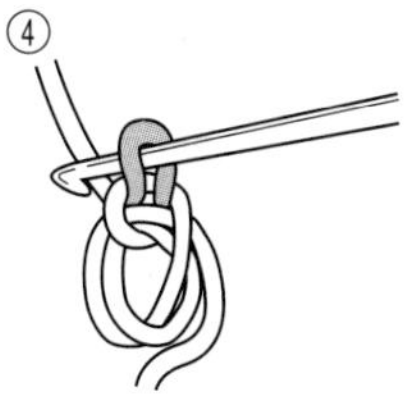

最初的针目完成。此针不计入针数。

15

p.22

材料和工具

用线…Olympus Emmy Grande 乳黄色（808）150g/3团

其他…直径1.8cm的包扣坯 1颗

钩针…3/0号

成品尺寸

胸围95cm、长50cm、连肩袖长28cm

编织密度

10cm×10cm面积内：编织花样B 3个花样、7行

编织要领

从身片下摆的编织花样A开始钩织。在后身片中心钩9针锁针起针，在锁针的里山挑针钩织左下摆。右下摆一边在左边起针的针目里引拔，一边钩9针，从第1行开始按与左下摆相同的要领钩织。身片在下摆的编织花样A的行上挑针钩第1行，然后按编织花样B钩织。从第15行开始，分成左前身片、后身片、右前身片依次钩织。肩部将前后身片正面朝内对齐后钩引拔针和锁针进行连接。前门襟和领子连起来按边缘编织A钩1行调整形状。袖口按边缘编织B环形钩织。包扣环形起针后钩短针，留10cm左右的线头剪断。在最后一行的针目里穿入线头，放入包扣坯，拉紧线头缝好。

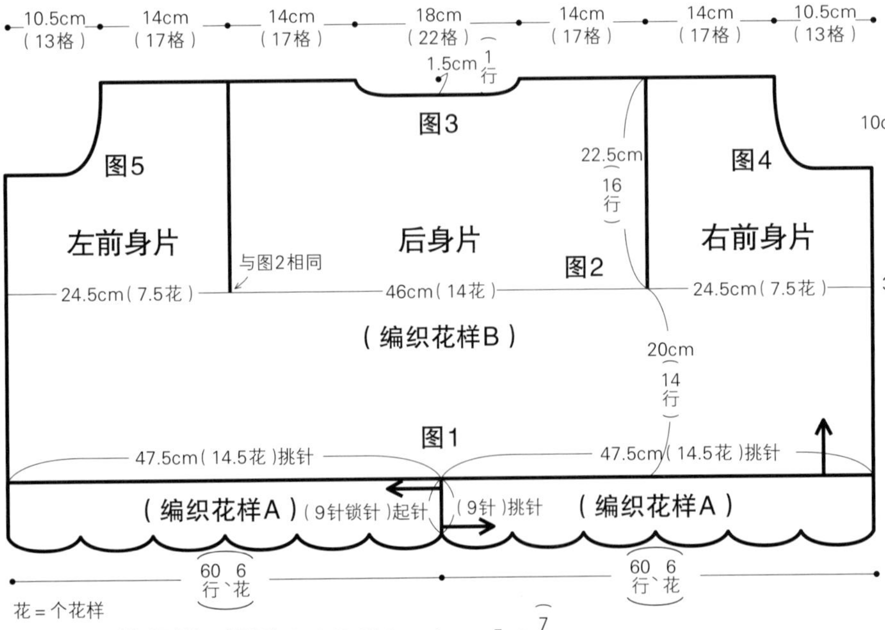

编织花样A

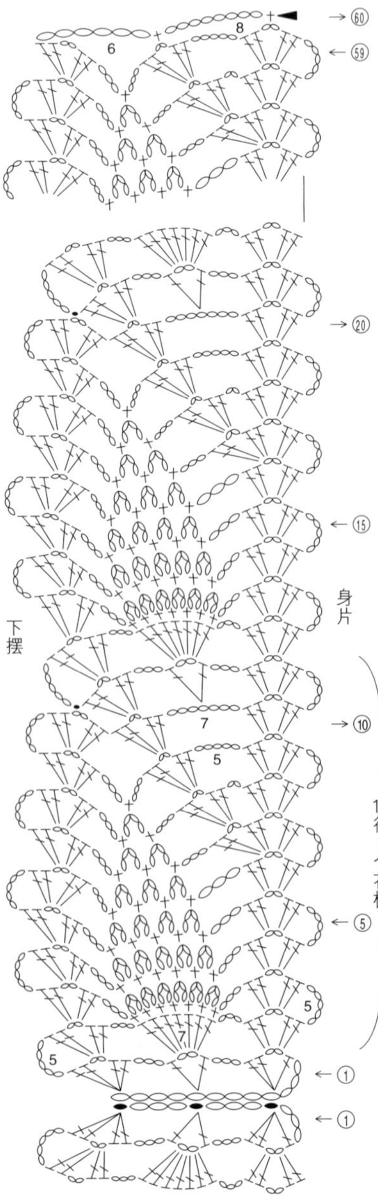

※右下摆将反面针目用作正面

前门襟、领子（边缘编织A）

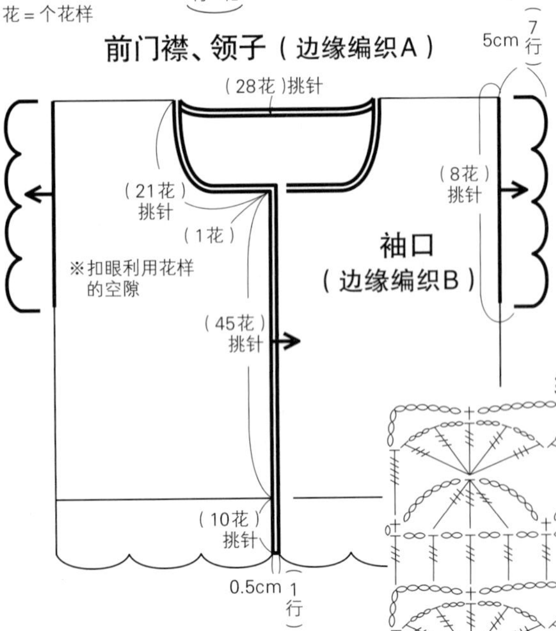

包扣坯

在最后一行的针目里穿入线头，放入包扣坯后拉紧

编织花样B

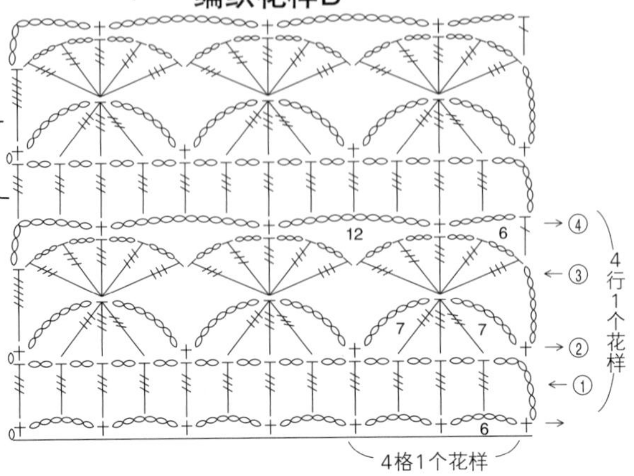

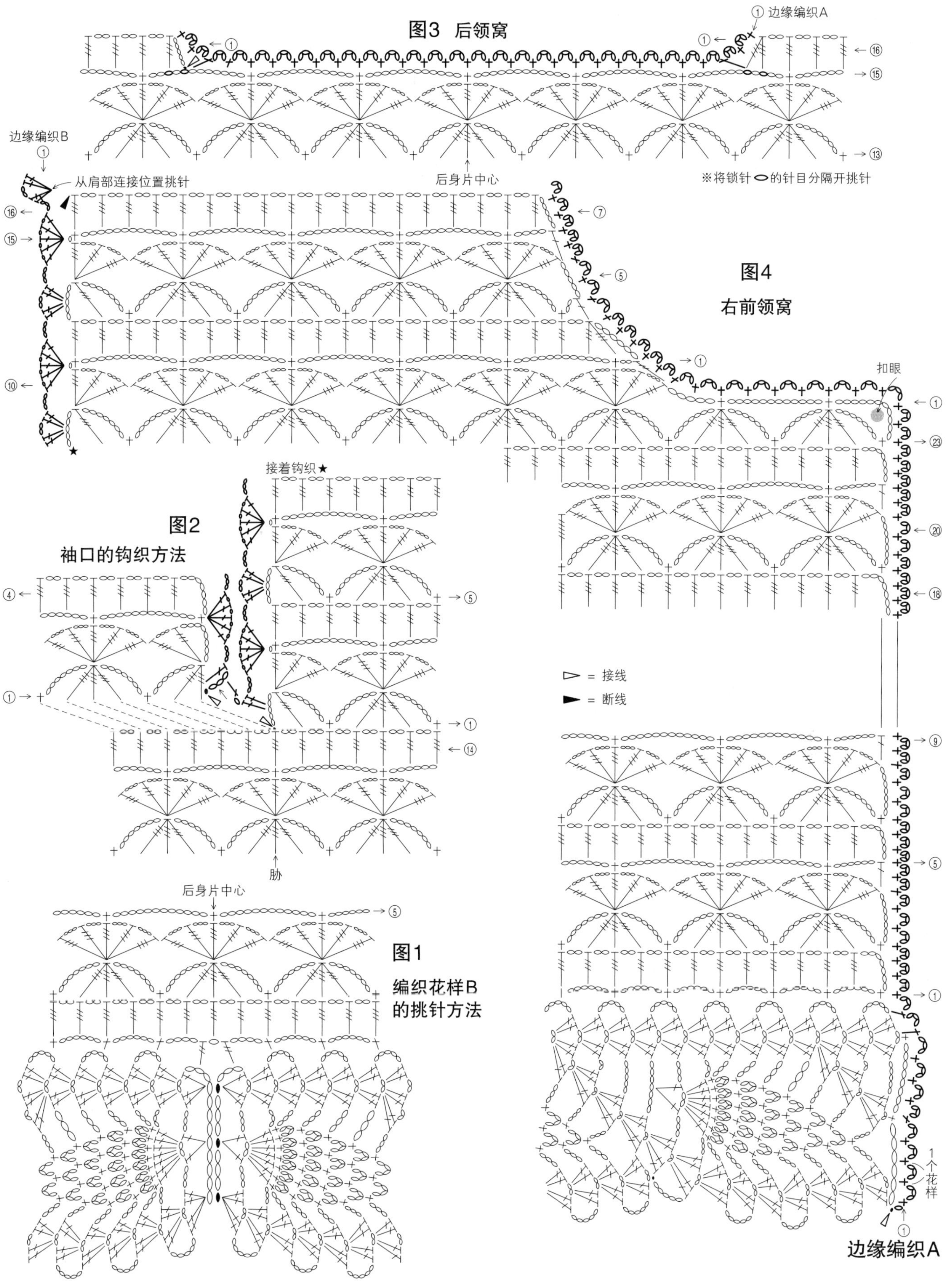

图3 后领窝
①边缘编织A
①
⑯
⑮
⑬
边缘编织B
①
从肩部连接位置挑针
后身片中心
※将锁针⬭的针目分隔开挑针
⑯
⑮
⑩
⑦
⑤
①
图4
右前领窝
扣眼
①
㉓
⑳
⑱
⑨
⑤
①
接着钩织★
图2
袖口的钩织方法
④
⑤
①
①
⑭
胁
▷ = 接线
◀ = 断线
后身片中心
⑤
图1
编织花样B
的挑针方法
1个花样
①
边缘编织A

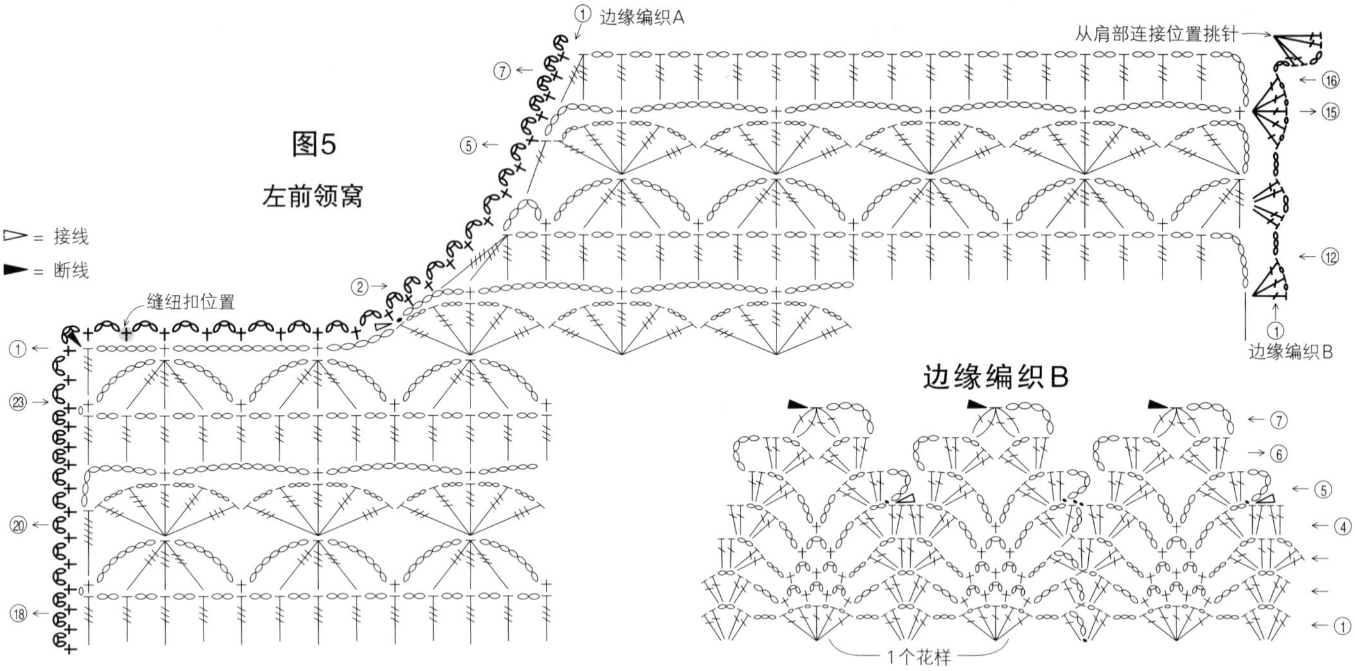

卷针缝

①

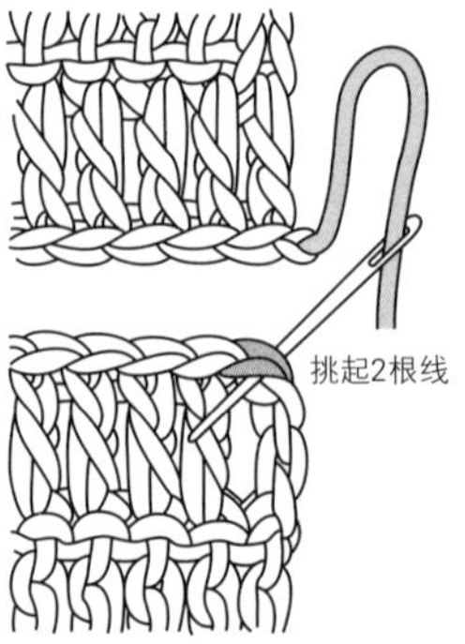

将2个织片正面对齐拿好，挑取长针头部的2根线。

②

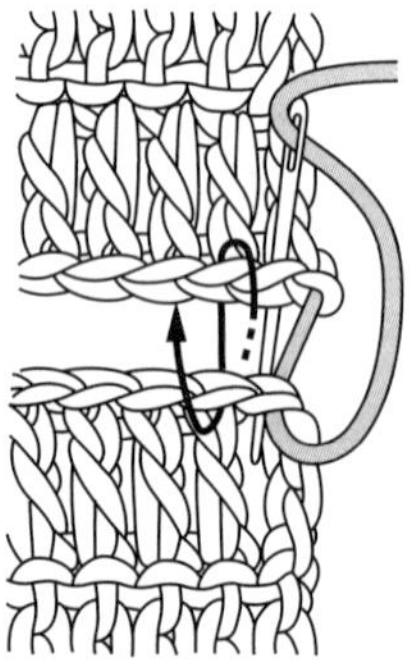

从后往前插入缝针，依次挑取1针缝合。

③

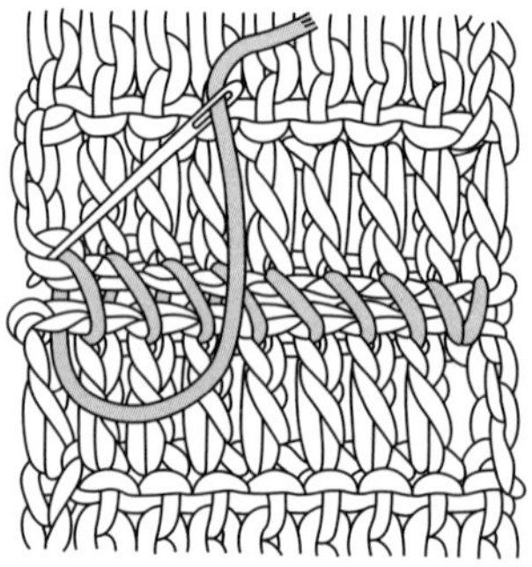

在同一个针目里插入缝针，完成。

半针的卷针缝

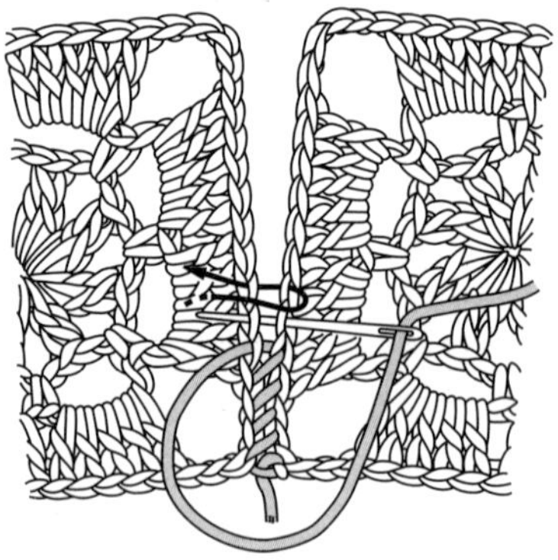

对齐织片拿好，在缝针上穿好线，依次挑取内侧半针进行缝合。

引拔针和锁针的接合

● **短针和锁针的接合** 是将引拔针换成短针，按相同要领钩织。

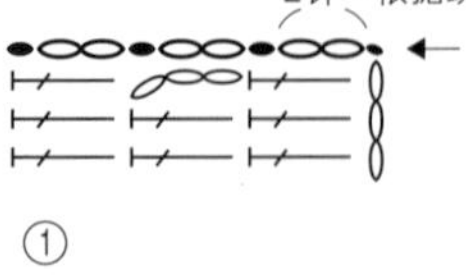

①

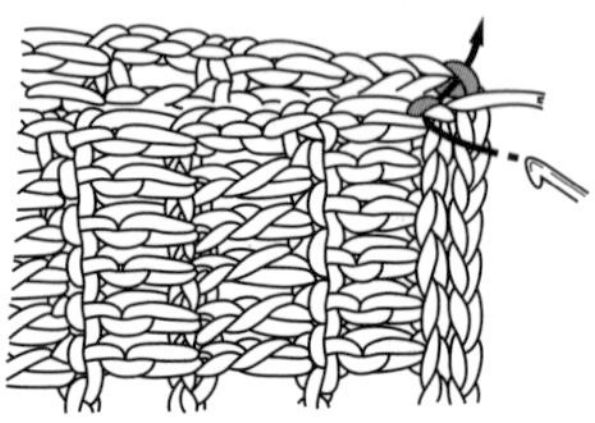

在箭头位置插入钩针，将线拉出。

②

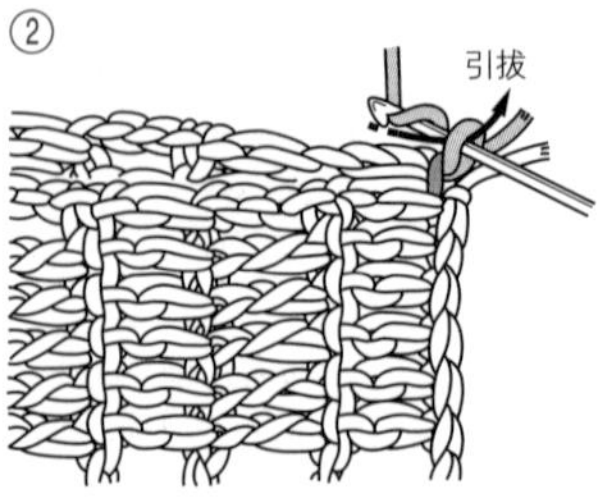

在钩针上挂线引拔，钩2针锁针。

③

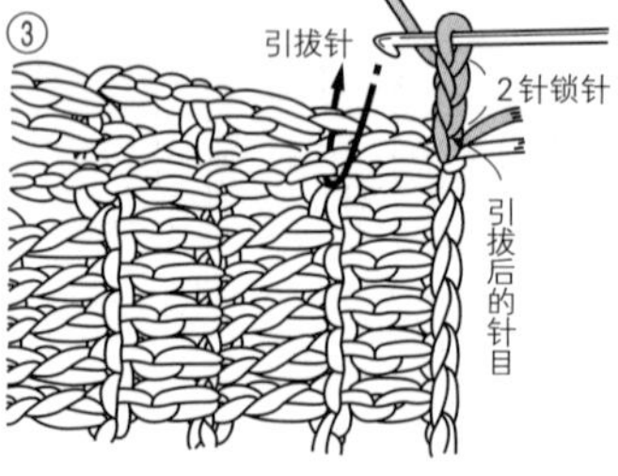

在2个织片的针目头部插入钩针，钩引拔针。

④

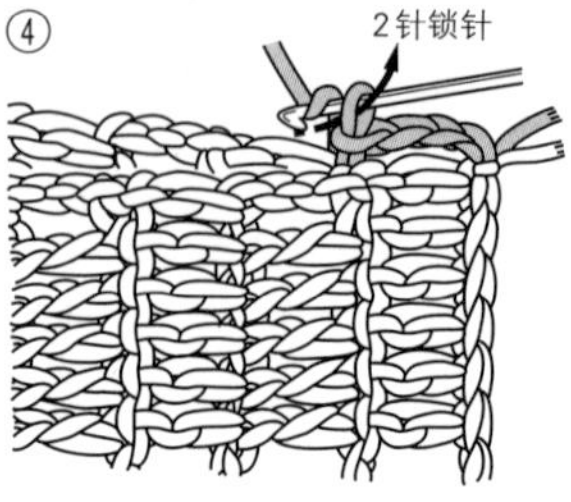

中间钩2针锁针。

22

p.31

材料和工具

用线…Olympus Diva 淡蓝色（104）350g/9团

钩针…4/0号、3/0号

成品尺寸

胸围96cm、长55.5cm、连肩袖长59.5cm

编织密度

10cm×10cm面积内：编织花样 26针、12行

编织要领

身片分成前后左右4片钩织。分别在肋部起针，在锁针的里山挑针，按编织花样朝中心方向钩织。肩部将前后身片正面朝内对齐后钩引拔针和锁针进行缝合，胁部从正面在锁针起针的半针里挑针缝合。前后身片连接成左右两部分后，分别在周围钩2行边缘。接着，分别钩引拔针和锁针连接左前（后）身片和右前（后）身片。袖子在袖口位置起针，在锁针的里山挑针，按编织花样一边钩织一边做袖下加针。袖下钩引拔针和锁针进行缝合，袖口按短针的条纹针环形钩织。袖子与身片的缝合是在袖子最后一行针目的头部半针和身片的锁针起针的半针里做挑针缝合。

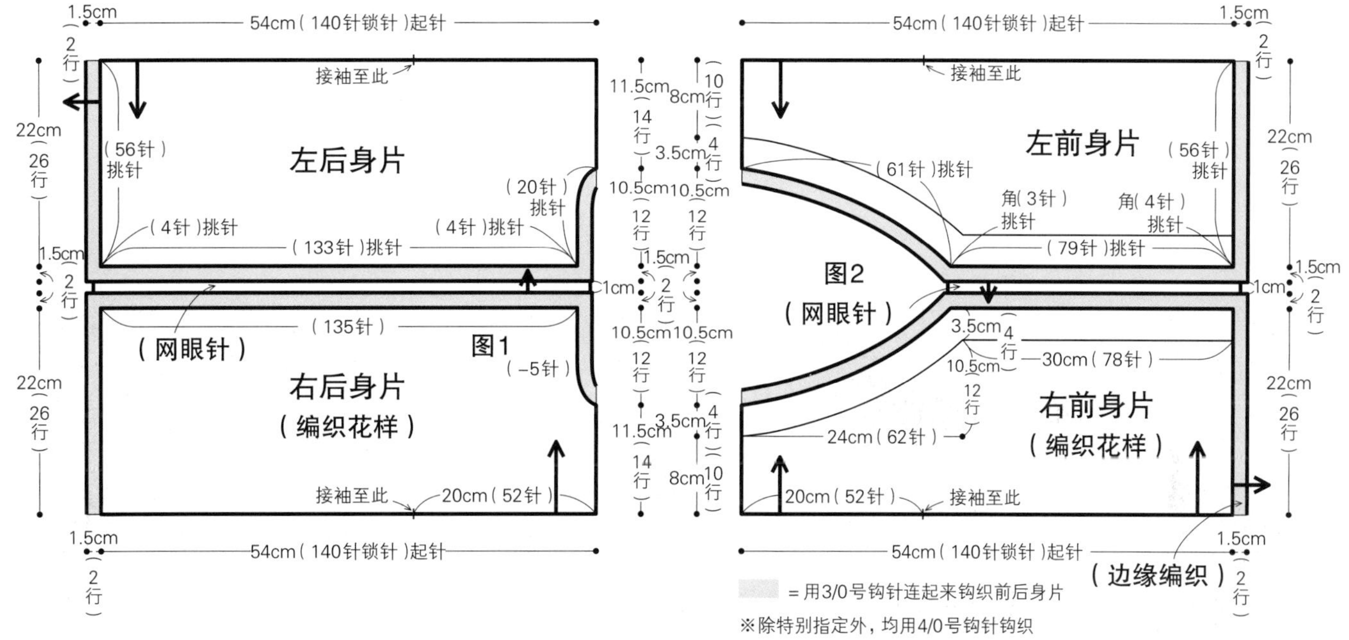

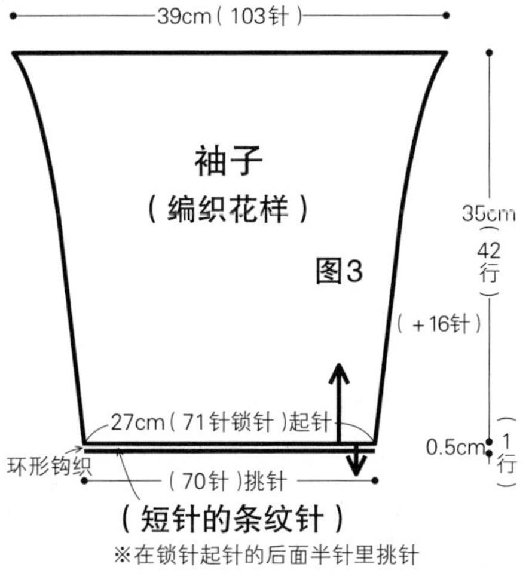

编织花样

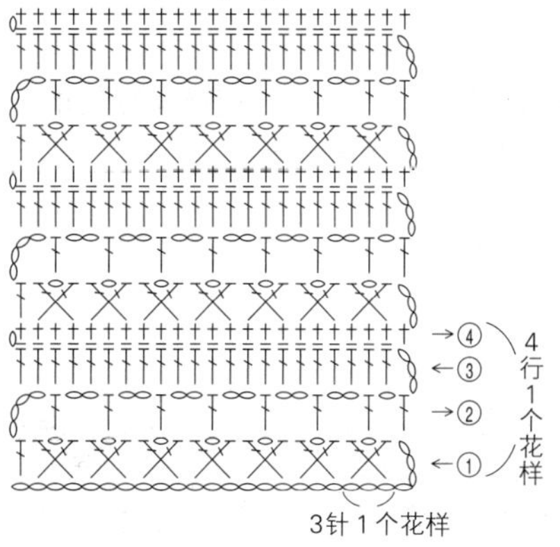

=短针的条纹针
在前一行针目的头部半针里挑针钩织
※挑针后有半针留在正面

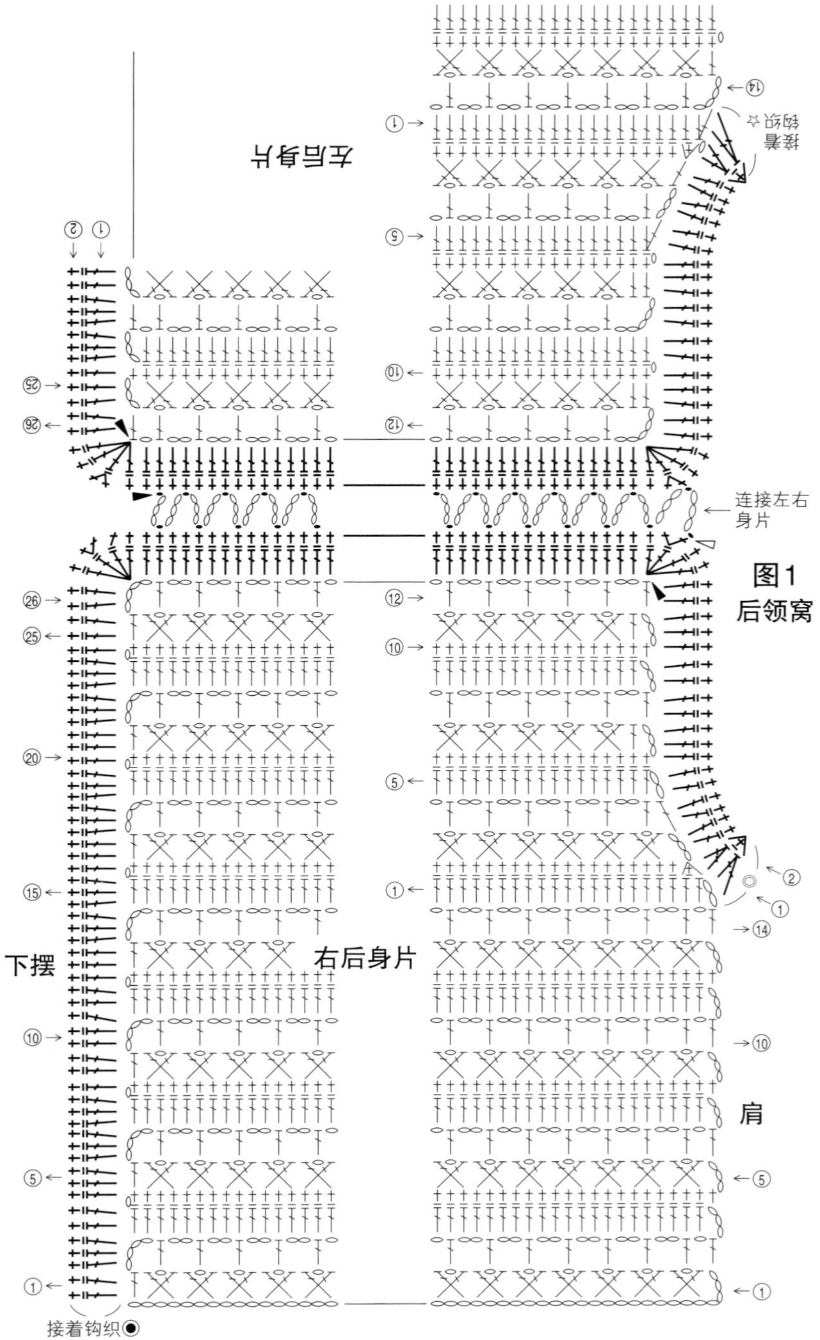

图1
后领窝

▷ = 接线
▶ = 断线

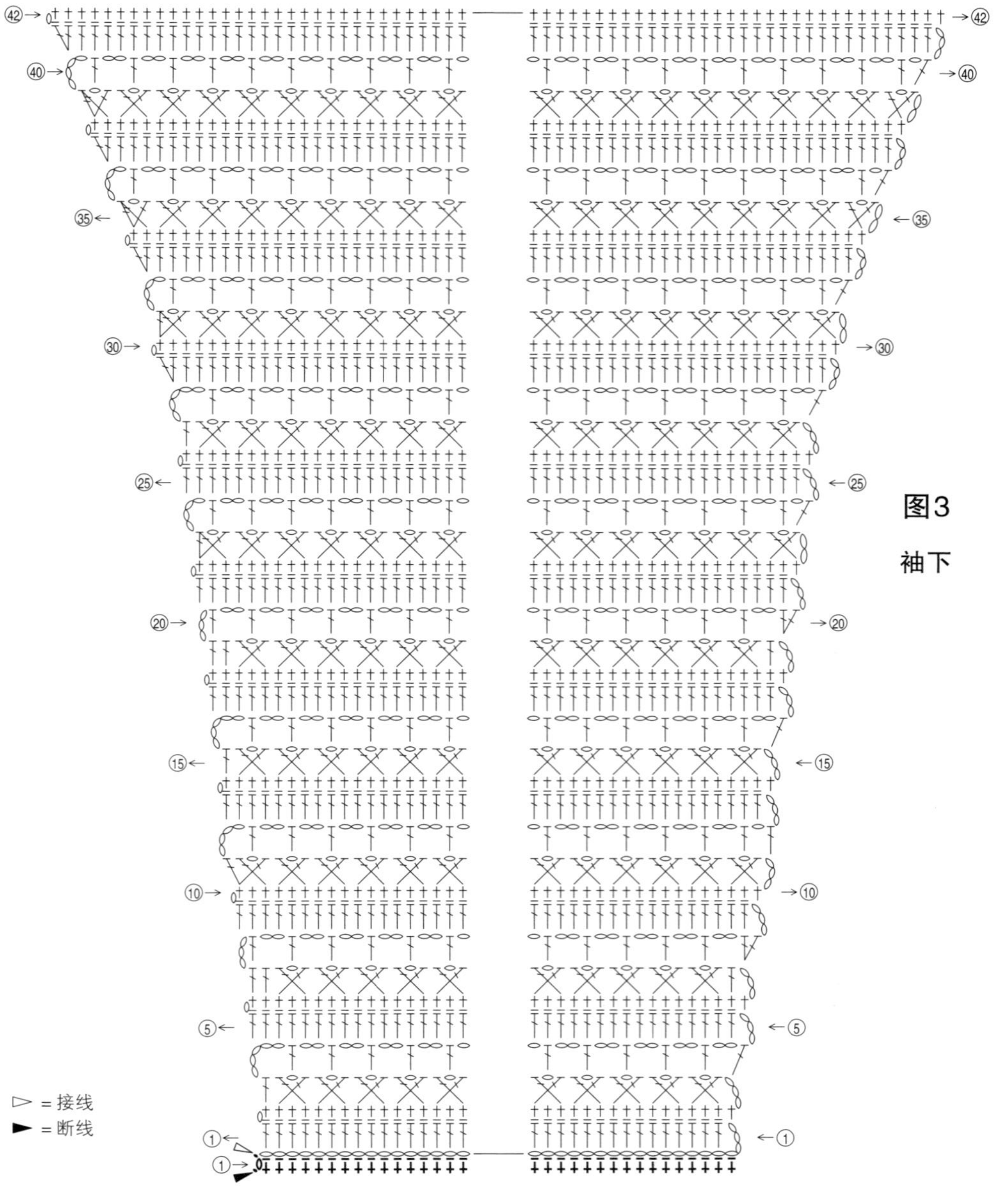

图3
袖下

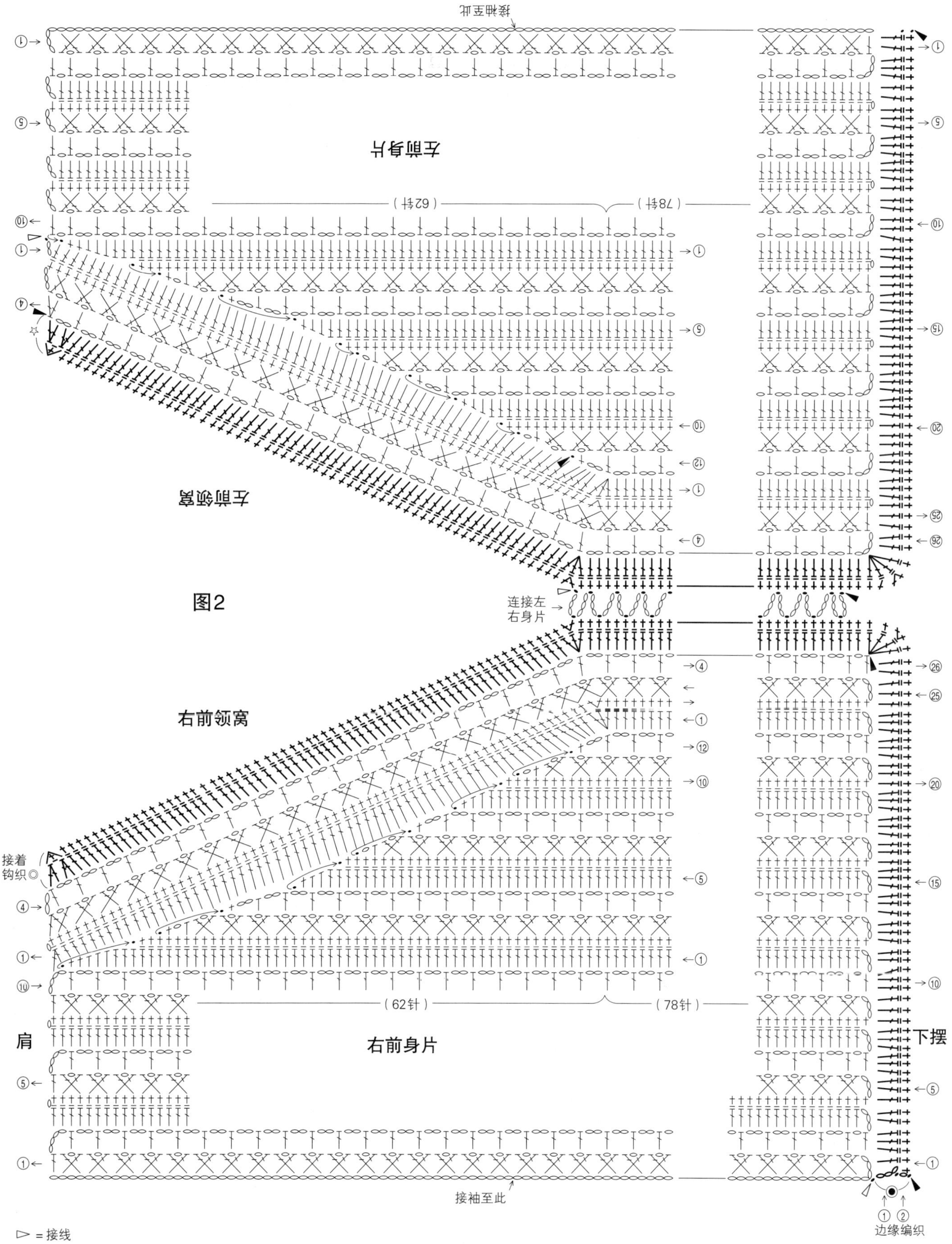
接袖至此
左前身片
（62针）
（78针）
左前领窝
图2
连接左右身片
右前领窝
接着钩织◎
（62针）
（78针）
肩
右前身片
下摆
接袖至此
边缘编织

▷ = 接线

► = 断线

⌒• = 渡线

17

p.24

材料和工具

用线…Olympus 金票40号蕾丝线 黄褐色（736）165g/4团

其他…直径1.2cm的纽扣 8颗

蕾丝钩针…6号

成品尺寸

胸围105cm、长45cm、连肩袖长37.5cm

编织密度

编织花样B 1个花样＝6.5cm、0.5个花样 17行＝11cm

编织要领

育克在领窝位置起针，在锁针的里山和半针里挑针，按编织花样A钩26行。接下来钩织身片。先从育克接着钩织左前身片，钩2行后休针。后身片重新接线后钩2行，再钩69针锁针，在左前身片上钩引拔针连接，断线。右前身片按与后身片相同的要领钩织。从第3行开始，用刚才休针的线按编织花样B和C连起来钩织前后身片，一直钩至下摆。袖子从育克和身片的袖窿挑针，按编织花样B和C钩织。袖下钩引拔针和锁针缝合。前门襟和领子连起来钩织边缘，同时在右门襟留出扣眼。

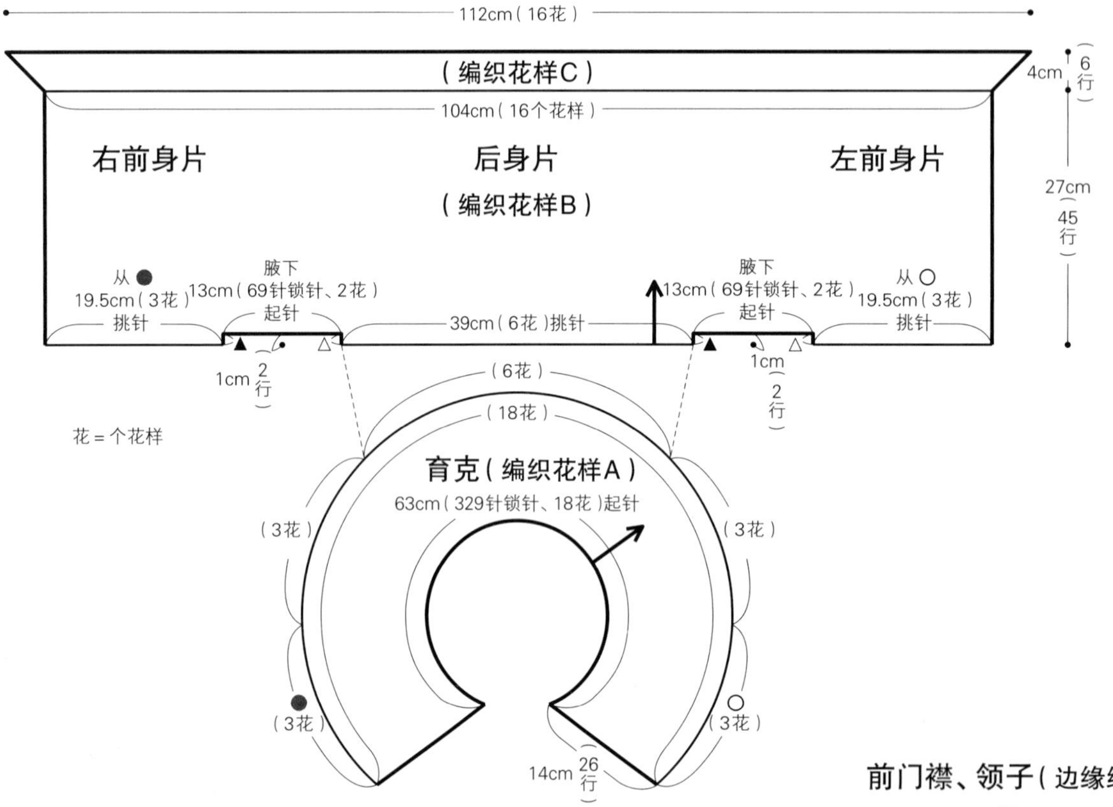

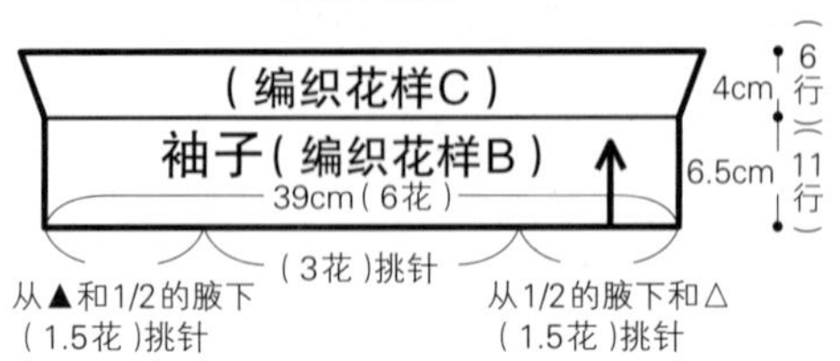

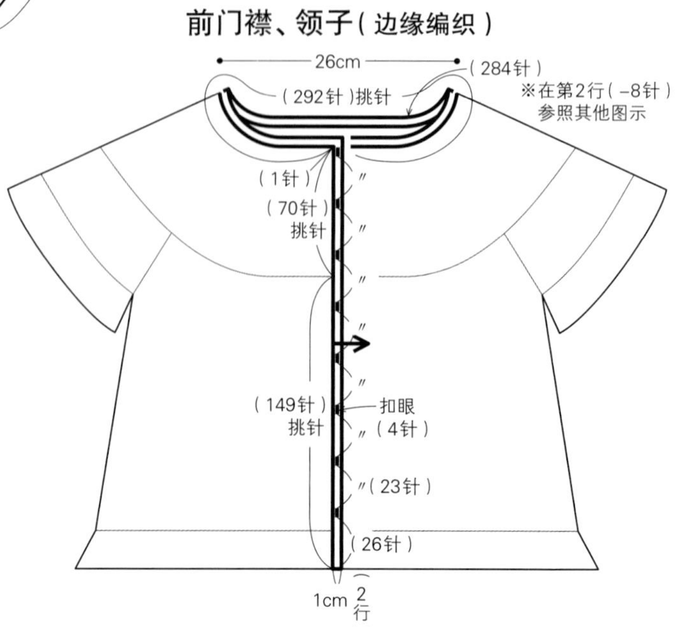

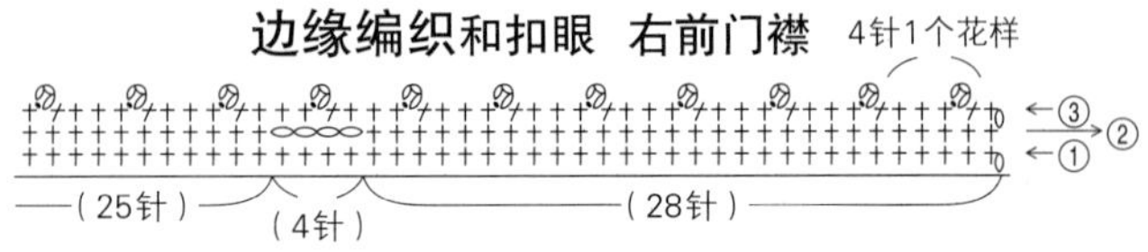

编织花样A

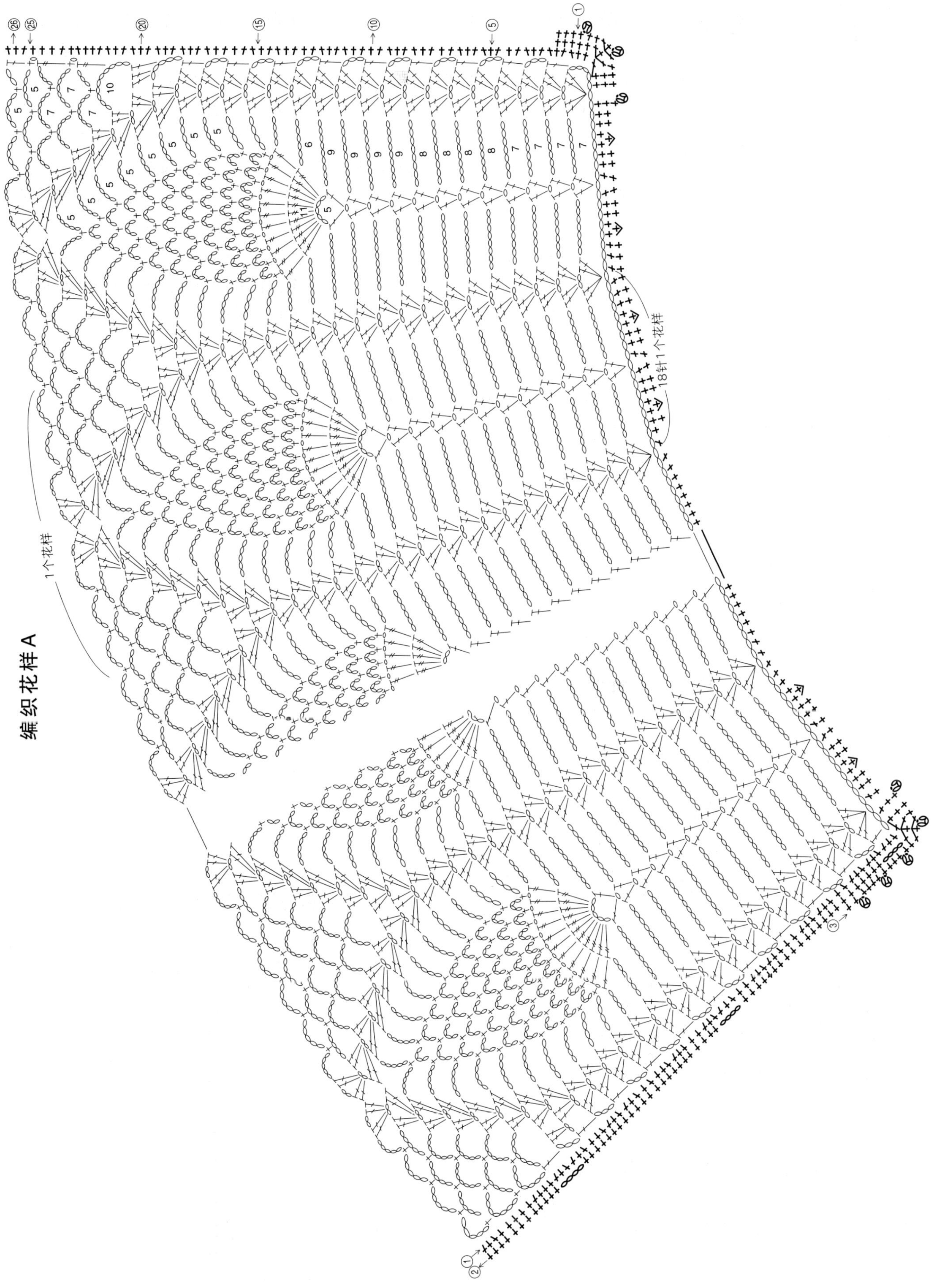

▷ = 接线
▶ = 断线
① 边缘编织
(69针锁针)
肋
右前身片(3个花样)
后身片(6个花样)
袖子(3个花样)
袖子中心

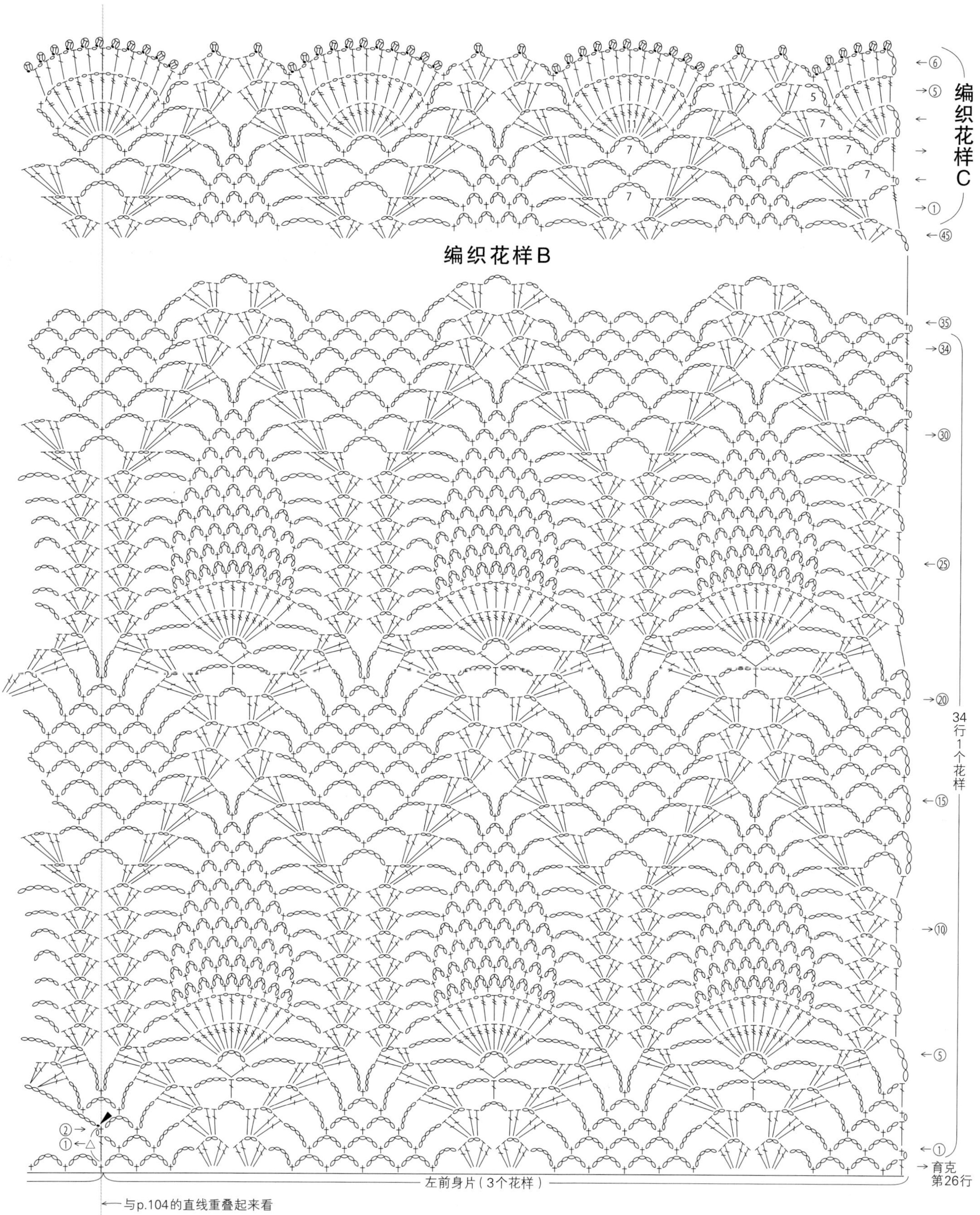
编织花样C
编织花样B
⑥
⑤
①
㊺
㉟
㉞
㉚
㉕
⑳
⑮
⑩
⑤
②
①←△
①
34行1个花样
→育克第26行
左前身片（3个花样）
←与p.104的直线重叠起来看

袖子

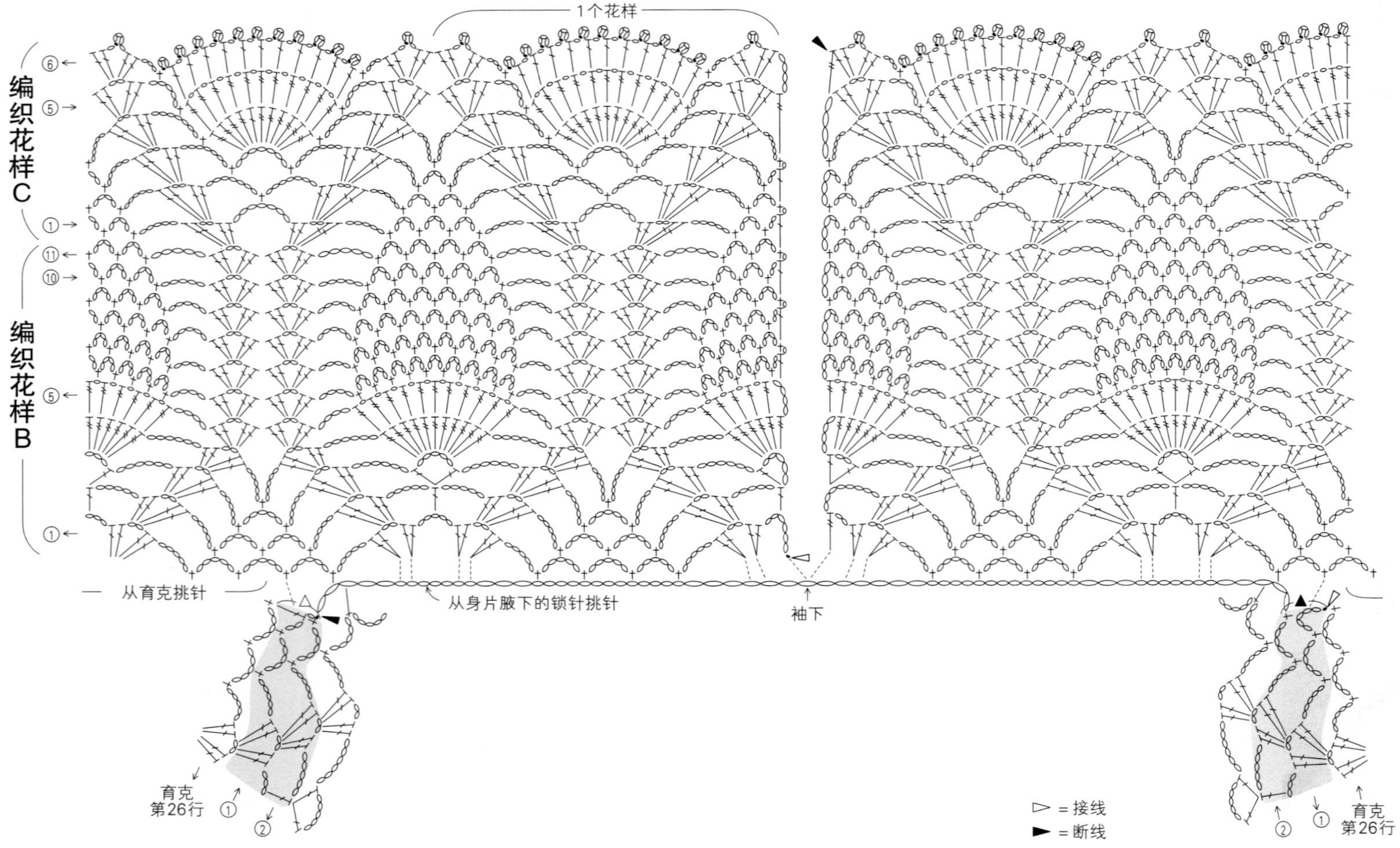
1个花样
编织花样C
编织花样B
⑥
⑤
①
⑪
⑩
⑤
①
从育克挑针
从身片腋下的锁针挑针
袖下
育克
第26行
①
②
育克
第26行
①
②
▷ = 接线
▶ = 断线

20

p.29

材料和工具

用线…Olympus Emmy Grande <House> 薄荷绿色（H7）75g/3团

钩针…4/0号

成品尺寸

头围50cm、帽深19cm

编织密度

10cm×10cm面积内：编织花样A 24针、16行

编织要领

在帽顶环形起针，按编织花样一边分散加针一边钩20行。接着，无须加减针钩5行编织花样B和4行编织花样A。帽檐一边分散加针一边按编织花样A钩织。在反面处理好线头。

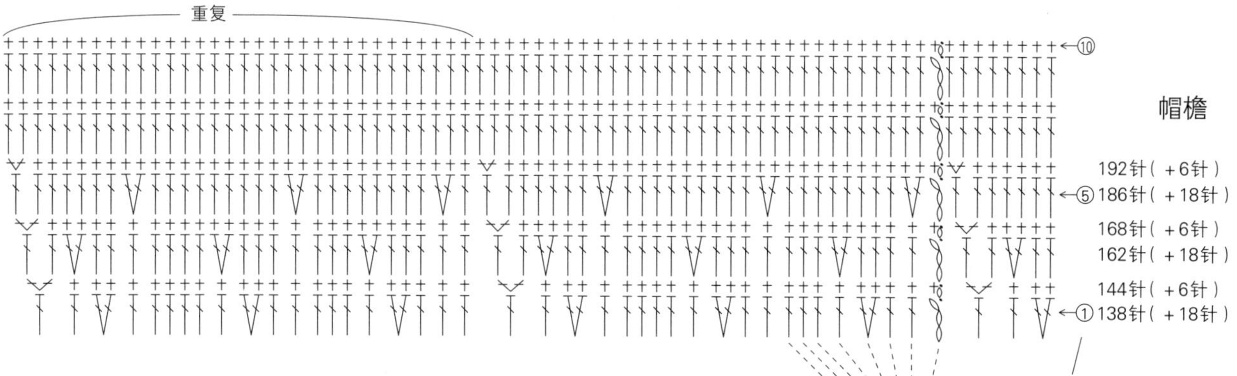

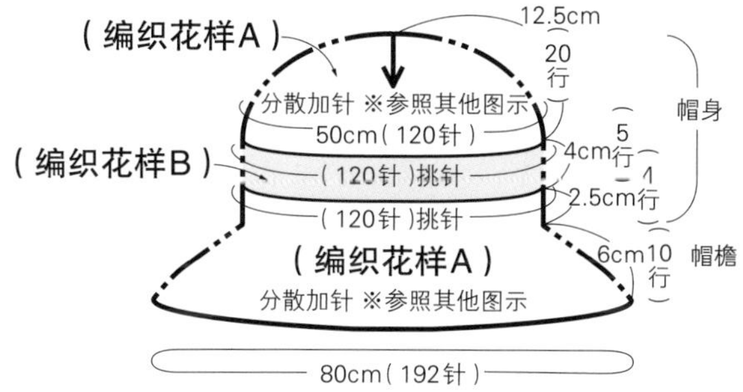

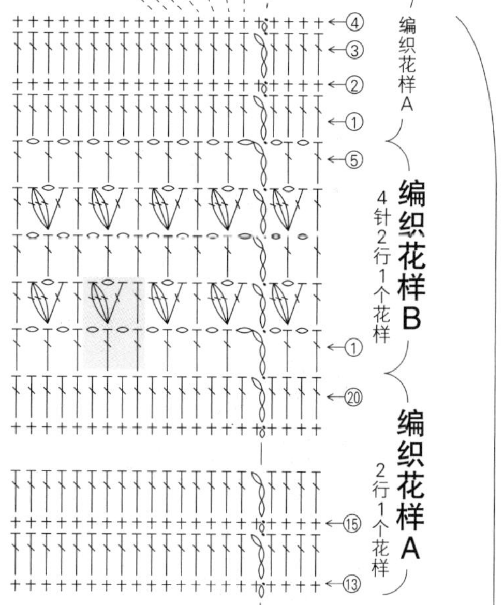

帽身的加针

行数	针数	
⑫	120针	（+18针）
⑪	102针	无须加减针
⑩	102针	（+18针）
⑨	84针	无须加减针
⑧	84针	（+18针）
⑦	66针	无须加减针
⑥	66针	（+18针）
⑤	48针	无须加减针
④	48针	（+18针）
③	30针	（+6针）
②	24针	（+18针）
①	6针	

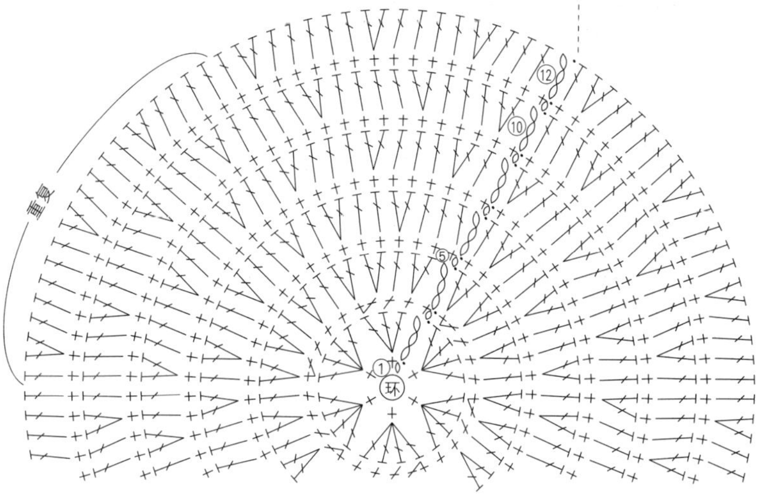

18

p.26

材料和工具

用线…Olympus 金票40号蕾丝线 原白色（731）150g/3团

其他…边长1cm的方形纽扣 8颗

蕾丝钩针…6号

成品尺寸

胸围95cm、肩宽34cm、长49.5cm、袖长13cm

编织密度

编织花样 2个花样＝8.5cm、10cm＝19行

编织要领

身片在肩部起针，在锁针的里山和半针里挑针，按编织花样钩织。后身片的袖窿参照左右前身片的图解钩织。袖子在袖山位置起针，按与身片相同的要领朝袖口方向钩织。肩部将前后身片正面朝内对齐后钩短针和锁针进行连接，胁部钩短针和锁针进行缝合。先钩织领子，然后前门襟钩织短针的棱针，在右门襟的第3行钩出扣眼。袖子和身片钩引拔针和锁针缝合。袖窿钩1行短针调整形状。在左门襟缝上纽扣。

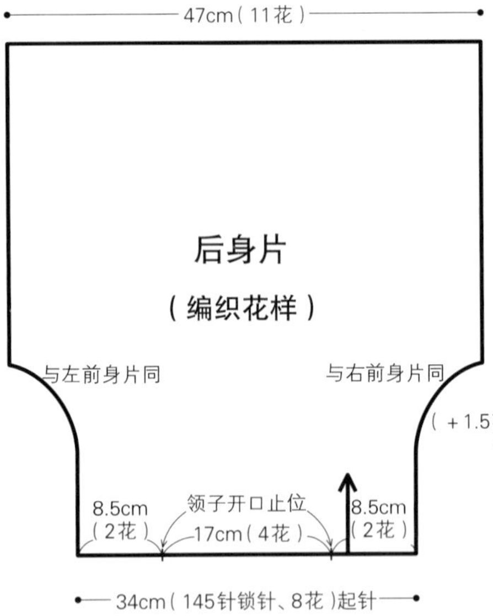

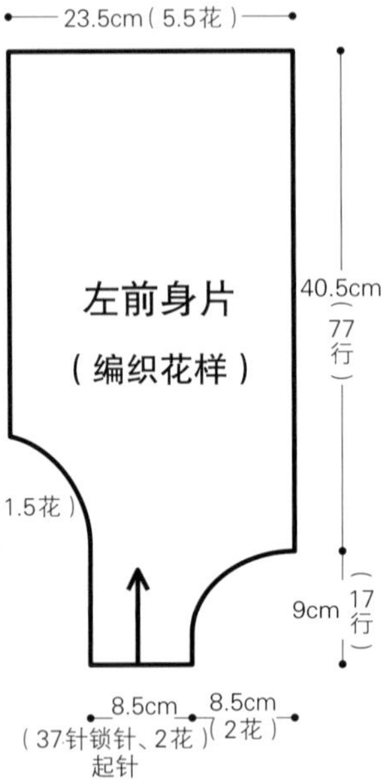

袖子（编织花样）

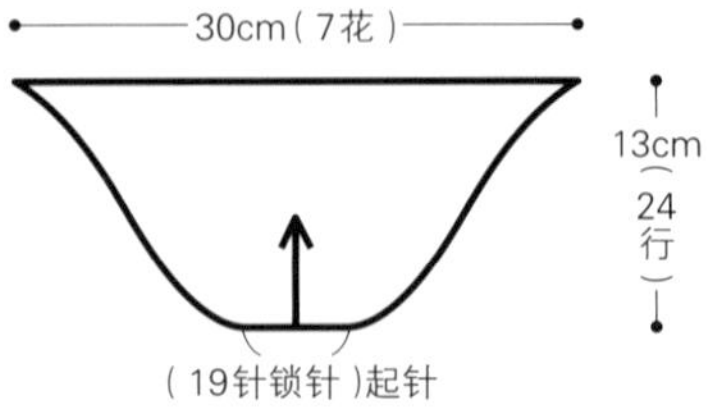

花＝个花样

领子、前门襟（短针的棱针）

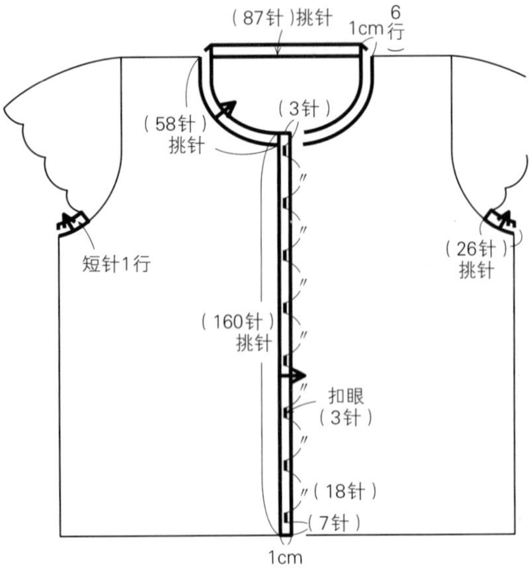

编织花样

袖子

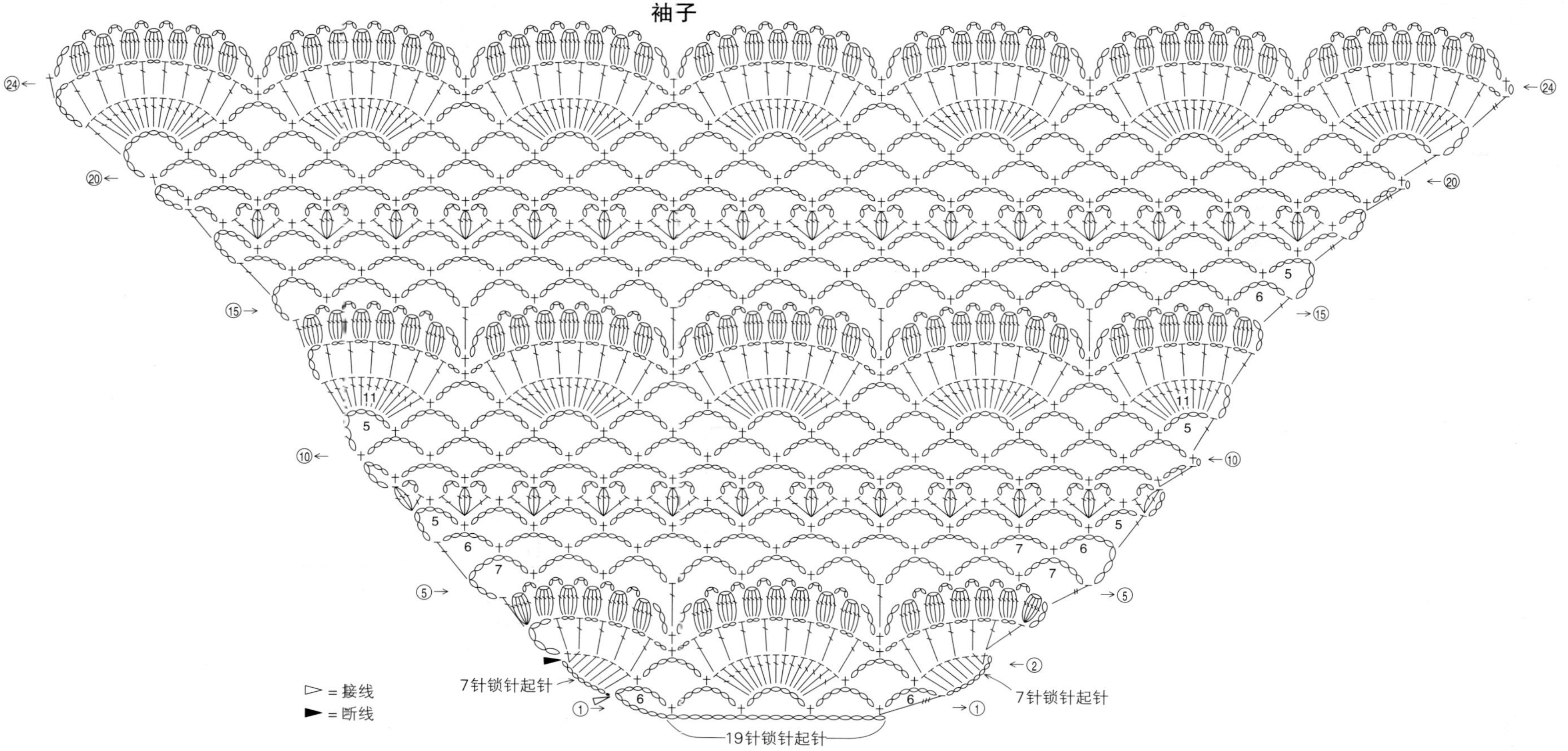

▷ = 接线
► = 断线

短针的棱针和扣眼 右前门襟

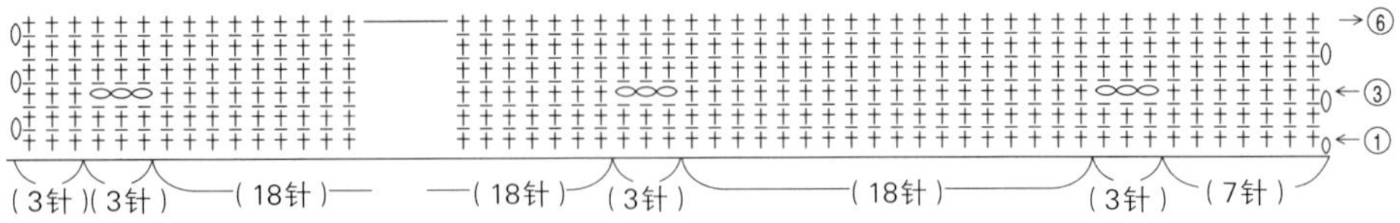

十 =短针的棱针
在前一行针目头部的后面半针里挑针钩织

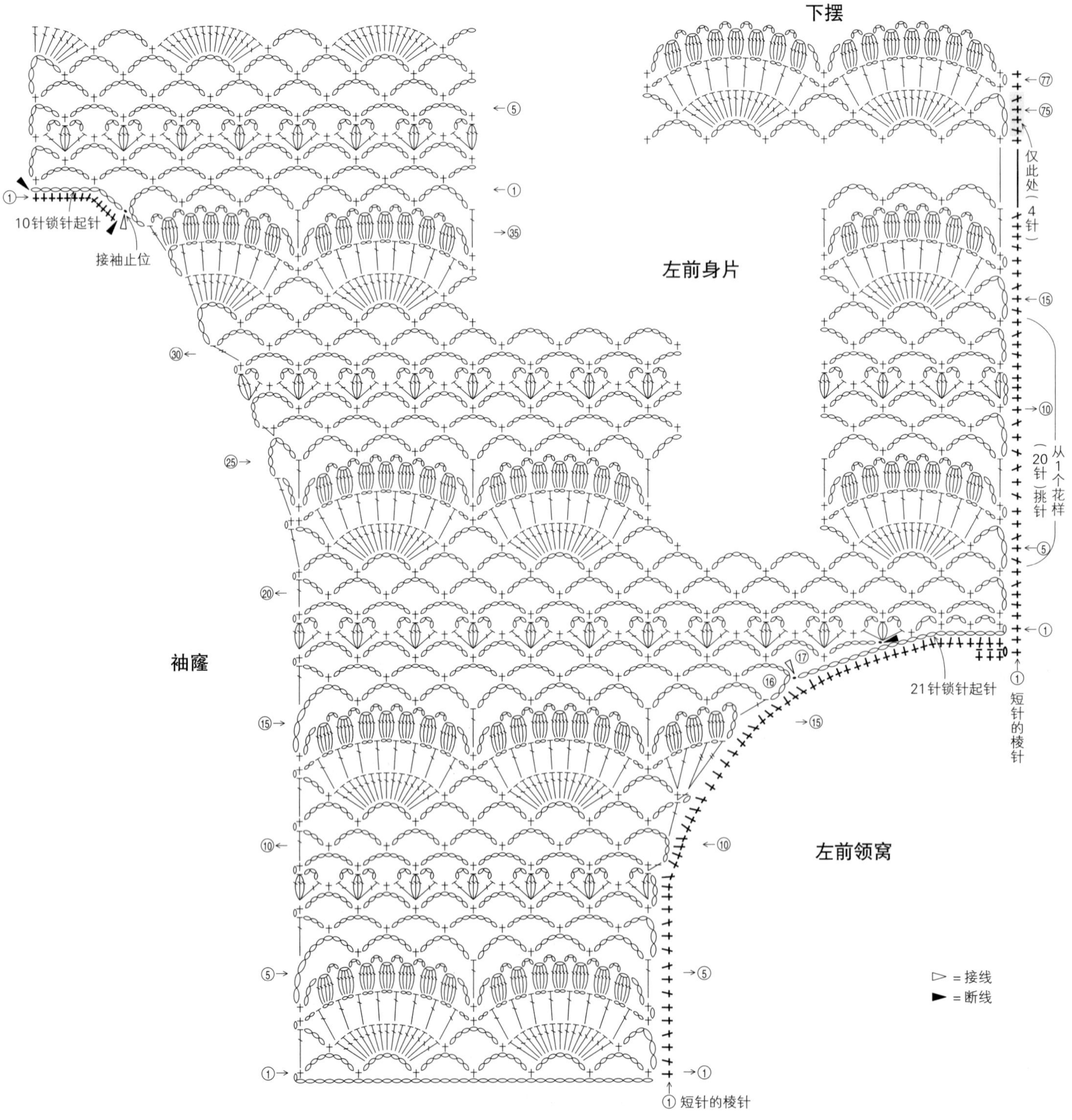

▷ = 接线
► = 断线

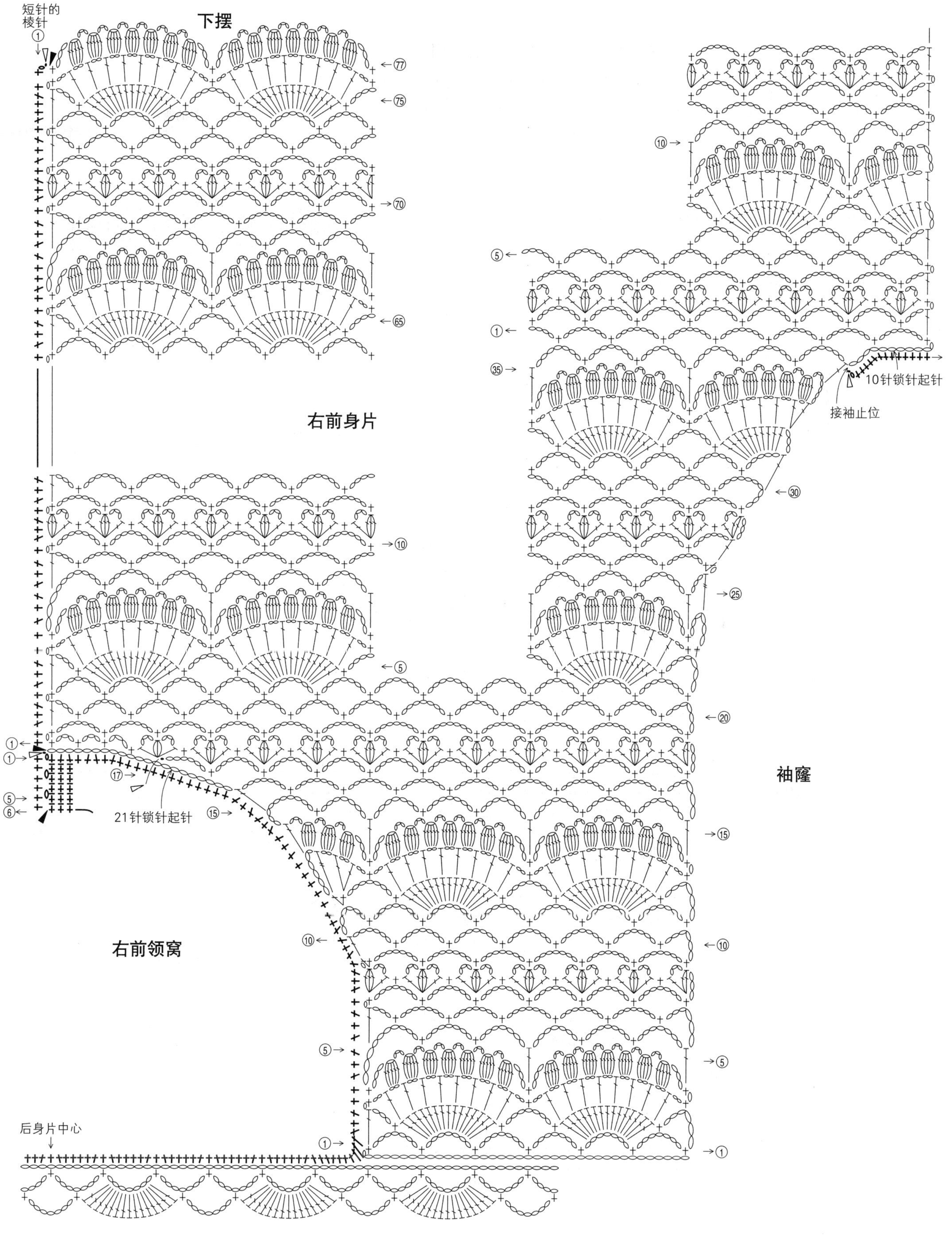
短针的棱针
①
下摆
⑦⑦
⑦⑤
⑦⓪
⑥⑤
右前身片
⑩
⑤
①
①
⑤
⑥
⑰
21针锁针起针
⑮
右前领窝
⑩
⑤
①
后身片中心
⑤
①
㉟
10针锁针起针
接袖止位
㉚
㉕
⑳
袖窿
⑮
⑩
⑤
①

UTSUKUSHII KAGIBARIAMI HARUNATSU24 (NV80493)

Photographers: TSUNEO YAMASHITA, NORIAKI MORIYA.
Original Japanese edition published in Japan by NIHON VOGUE CO., LTD.,
Simplified Chinese translation rights arranged with BEIJING BAOKU INTERNATIONAL CULTURAL DEVELOPMENT Co., Ltd.

备案号：豫著许可备字-2016-A-0293

图书在版编目（CIP）数据

美丽的春夏钩编. 6, 优雅的蕾丝夏装和休闲小物/日本宝库社编著；蒋幼幼译. —郑州：河南科学技术出版社，2020.8
ISBN 978-7-5725-0012-1

Ⅰ. ①美… Ⅱ. ①日… ②蒋… Ⅲ. ①钩针—编织—图集 Ⅳ. ①TS935.521-64

中国版本图书馆CIP数据核字（2020）第112448号

出版发行：河南科学技术出版社
地址：郑州市郑东新区祥盛街27号　　邮编：450016
电话：（0371）65737028　　65788613
网址：www.hnstp.cn
策划编辑：刘　欣
责任编辑：刘　瑞
责任校对：司丽艳
封面设计：张　伟
责任印制：张艳芳
印　　刷：北京盛通印刷股份有限公司
经　　销：全国新华书店
开　　本：889 mm × 1194 mm　1/16　　印张：7　　字数：180千字
版　　次：2020年8月第1版　　2020年8月第1次印刷
定　　价：49.00元

如发现印、装质量问题，影响阅读，请与出版社联系并调换。